Accessによる
統計データベース入門

常盤洋一

著

朝倉書店

Windows, Office, Word, Excel, Access は米国 Microsoft 社の米国および世界各地における商標または登録商標です．その他，本文中に現れる社名・製品名はそれぞれの会社の商標または登録商標です．本文中には，TM マークなどは明記していません．

は じ め に

　Excelで統計表を扱っている方は多数いると思います．しかし扱う統計表の数が増すにつれ，管理が難しくなってはいませんか．統計表の数が数表から十数表ぐらいなら，シートを分けたりファイル別に整理するなどで対応できるでしょうが，数十表，数百表ともなると，とてもExcelだけでは管理できません．そして表どうしを様々な形式で編集したり結合したりするとなると，これはもう表計算ソフトExcelの守備範囲を超えています．

　このようなデータの管理を行うのがデータベース・ソフトです．MicrosoftのOfficeの中にはAccessというデータベース・ソフトがあり，Excelとの間でデータの受け渡しが簡単にできます．ところが，Accessを持っているが使ったことがないという方の話を時々耳にします．実際，Accessに関する多数の入門書を見ても，そこで扱われているのは業務用のデータベースばかりで，統計表という毛色の変わったデータを扱った本はありません．本書はExcelで統計表を扱っている方を対象に，データベースやAccessの知識がまったくなくても統計データベースを構築できるようになるための入門書です．ただし入門書であっても，そこで構築するデータベースは本格的なもので，実用に耐えうるものです．なお，本書で扱うAccessのバージョンはAccess 2002のSP-2です．

　ところでOfficeのWordやExcelは現在販売されているほとんどのパーソナル・コンピュータにプリ・インストールされており，入門書も数多く出版されていてポピュラーな存在になっています．しかしAccessは，他と同様に入門書が数多く出版されているのにもかかわらず，今ひとつポピュラーではありません．

これは，そのソフトがすぐ使えるかどうかという点にかかわっていると思われます．WordやExcelはやりたいこととやれることが容易に結びつくソフトです．文書の作成や，表の作成と計算ということは目的が設定しやすく，かつその目的の実現とソフトの操作が結びつきやすくなっています．それに対してデータベースは，あらかじめデータベースの構造の設計という，初心者には戸惑いやすい作業が待ち構えています．本書で述べる方法は，Excelを使って統計表を入力している方にはかなり煩わしい作業に見えるかもしれません．しかし本書で述べる方法で統計データベースを構築すると，事前の入念な設計は不必要で，様々な種類の統計表を効率よく蓄積でき，必要に応じていくつもの統計表を結合して新たな統計表を生成し，Excelに移すことができます．

データの入力方法は統計書から直接入力する場合や，磁気テープ，フロッピー，CD-ROMといった電子メディアから得る場合，そして日経NEEDSなどのデータベース・サービスやインターネットからダウンロードする場合もあります．さらに印刷された統計表を，スキャナとOCRソフトを使って入力することもできます．これらのうち電子化されたデータは，Excelのファイル形式が多く使われています．そこで，ExcelのデータをAccessのデータベースに移す方法も述べます．ただしそのままコピーすることはできません．Excel上で若干の編集作業が必要になります．しかしそれほど複雑なものではありません．

問題はVBA（Visual Basic for Application）およびSQL（Structured Query Language）と呼ばれるプログラムです．本書ではでき得る限りAccessの基本機能だけを使って統計データベースを構築できるように心がけましたが，一部の機能はどうしてもVBAやSQLでプログラムを組まなければ実現できません．そこで，一般的な統計表に対するVBAやSQLのプログラムとその使い方を例示し，他の統計表を処理するためには最小限の修正で済むようにしました．なお，あえてCD-ROMは付けません．本書では，一般的な例を示しているだけで，多様な統計表に対応するためには，ある程度VBAやSQLの操作を勉強していただきたいからです．

本書の構成は次のとおりです．第1章ではAccessの全体像の紹介と，データベースの基礎，そして統計データベースが一般のデータベースとどこが違うかを述べます．第2章では多数の統計表を管理するためのデータ辞書と呼ばれるもの

の基本構成を示します．データ辞書をシステム化するためにはVBAが必要になりますので，VBAに関する必要最小限の知識を述べるのが第3章です．そして第4章でデータ辞書のシステム化を行ないます．ここでSQLについても簡単に説明します．第5章では統計データベース特有の分類属性定義域テーブルの作成方法を述べます．これは複数の統計表を結合するために必要不可欠なものです．データの本体である統計表の入力方法を示すのが第6章です．第7章は，最も重要な統計表の生成方法を述べます．本書の方法に従って入力した統計表ならば，目的に応じて複数の統計表を編集・結合して新たな統計表が生成できます．この統計表をExcelに移すことにより，表計算，グラフの作成，統計解析などが行えます．

参考までに書いておきますと，Excelで統計解析をする方法については，縄田和満氏が『Excelによる統計入門』という良書を出版され，教育などに広く使われています．縄田氏はさらに『Excelによる回帰分析』や『Excel VBAによる統計データ解析入門』，『Excel統計解析ボックスによるデータ解析』といった，高度な統計解析を実現するための本も著しています（いずれも朝倉書店刊）．

なお，本書を書くにあたり，その背景となるデータベース理論や手法などは佐藤（1988）などを参考にし，佐賀大学経済学部の経済論集に論文として発表しました．詳しい理論も知りたい方は，それらの論文や巻末の参考文献を参照してください．それから，本書のヒントを与えていただいた九州大学の牧之内顕文先生，私のパーソナル・コンピュータの面倒を見ていただいた佐賀大学助手の相浦真次郎氏，そして朝倉書店編集部の方々にお礼を申し上げます．

2003年8月

常 盤 洋 一

目次

● 1 ● Access と統計データベース　　　　　　　1
- 1.1　Access の概要　　1
- 1.2　テーブルとスキーマ　　5
- 1.3　リレーショナルモデル　　9
- 1.4　統計データベースの特質　　14

● 2 ● データ辞書テーブル群　　　　　　　21
- 2.1　データ辞書の仕組み　　21
- 2.2　データ辞書テーブルと正規形　　23
- 2.3　データ辞書テーブル群の作成　　26

● 3 ● VBA の基礎　　　　　　　35
- 3.1　プログラムの書き方　　35
- 3.2　変数　　38
- 3.3　値の比較と条件判断　　41
- 3.4　ループ構文　　43
- 3.5　エラー処理とデバッグ　　45

● 4 ● データ辞書システム —————————— 49
- 4.1 データ辞書入力フォーム　49
- 4.2 データ辞書入力の支援　53
- 4.3 サンプルデータの入力　59
- 4.4 データ辞書検索フォーム　60
- 4.5 SQLの基礎　68

● 5 ● 分類属性定義域テーブル —————————— 73
- 5.1 分類属性定義域テーブルの作成　73
- 5.2 カテゴリ階層時点間対応テーブル　79

● 6 ● 統計表テーブルの作成と入力 —————————— 89
- 6.1 分類属性と統計属性　89
- 6.2 入力フォームとデータ入力　93
- 6.3 レポート印刷　96
- 6.4 時点別のカテゴリの統一　98
- 6.5 Excelのデータのインポート　105

● 7 ● クエリによる統計表の生成 —————————— 113
- 7.1 和結合　113
- 7.2 内部結合　116
- 7.3 クロス集計クエリ　117
- 7.4 Excelへのデータのエクスポート　125

参考文献 —————————— 127
索　引 —————————— 129

・1・
Access と統計データベース

Word や Excel と異なり，Access では実際に操作する前にデータベースについての知識が必要です．さらに統計データベースでは，一般のデータベースの知識に加えて独特の特性を理解しておかなければなりません．ただ，いきなり論理から始めるのも何ですので，はじめに Access の概要から説明します．そうすれば，その後の論理の話もいくらか理解しやすいでしょう．

1.1 Access の概要

まず Access を起動しましょう．すると図 1.1 に示すように，Access のウィンドウと，その中の**作業ウィンドウ**が表示されます．**タイトルバー，メニューバー，ツールバー**などは Word や Excel とよく似ています．ただし，ツールバーに表示されるボタンは，Access の作業状態に応じて変わります．作業ウィンドウが表示されていない場合は，メニューバーで［ファイル］→［新規作成］をクリックすると表示されます．

ここでデータベースの入れ物をつくりましょう．Access は Word や Excel と異なり，作業前にファイルをつくっておく必要があります．作業ウィンドウの［空のデータベース］をクリックすると，**「新しいデータベース」ダイアログボックス**が表示されます．Access では，データベース全体が 1 つのファイルに格納されます．適切なフォルダやドライブを選択し，「統計」というファイル名を付けて［作成］をクリックしてください．なお，Access のファイルの拡張子は

●1● Access と統計データベース

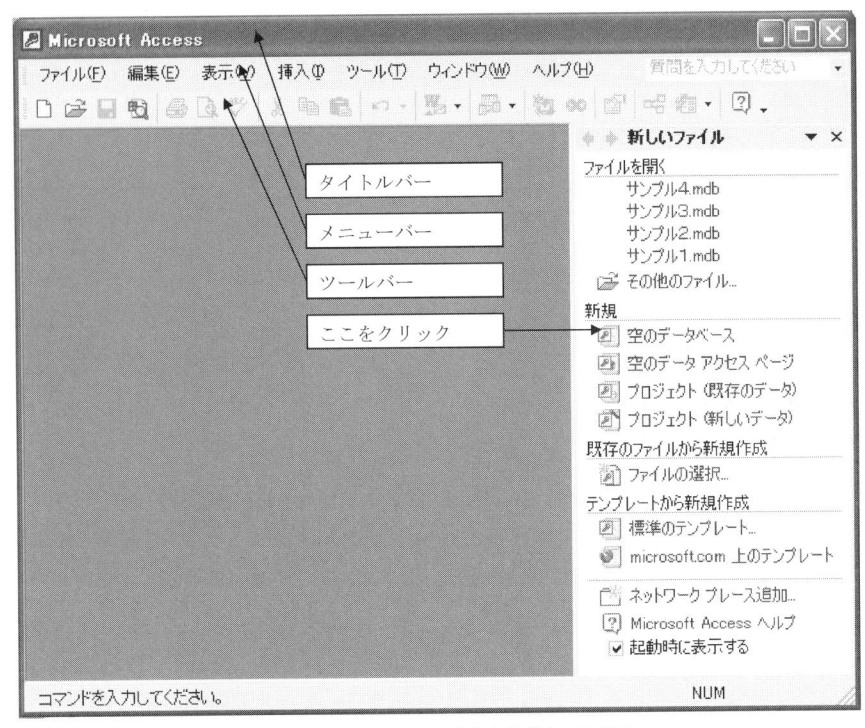

図1.1 Access のウィンドウと作業ウィンドウ

.mdb です．次回からこのファイルを利用するときは，ファイルのアイコンをダブルクリックするか，Access を立ち上げてからファイルを開きます．ファイルの開き方は，Word や Excel と同じです．

データベースファイルを作成すると，Access のウィンドウの中に図1.2 の小さなウィンドウが表示されます．Access ではこのような小さなウィンドウが多種類あり，作業の内容によって切り替わります．現在表示されているのは**データベースウィンドウ**と呼ばれるもので，データベースファイルを開くと，まずこのウィンドウが表示されます．このウィンドウを閉じてはいけません．

データベースウィンドウの左側に，**オブジェクト**というタイトルで7つの名前が並んでいます．初期状態ではテーブルというオブジェクトが選択されています．Access ではデータベースの操作の種類ごとに，オブジェクトというものがあります．実際に操作するのは第2章以降ですが，ここでそれぞれのオブジェク

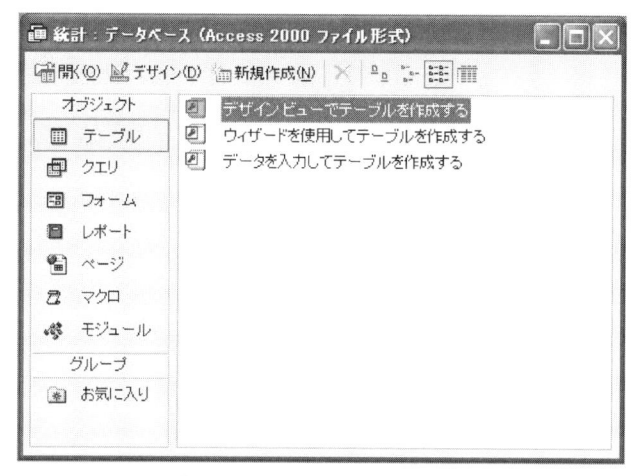

図 1.2 データベースウィンドウ

トを簡単に説明しましょう．

現在選択されている**テーブル・オブジェクト**では，まだ何もデータを入力していませんので［デザインビューでテーブルを作成する］，［ウィザードを使用してテーブルを作成する］，［データを入力してテーブルを作成する］の3項目だけが表示されています．テーブルはデータベースの基本中の基本で，実際にデータを格納するための容器です．本書でテーブルを作成するときは，デザインビューだけを使います．ウィザードは一般のデータベース向けのもので，統計データベースでは使えません．また Excel ではデータを入力しながらテーブルに該当するリストをつくりますが，Access での統計表入力には向きません．

次の**クエリ・オブジェクト**は複数のテーブルを結合したり，必要なデータだけを抽出したり，あるいは指定した順序に並べ替えたりするなどの操作をするオブジェクトです．Access では **QBE**（Query By Example）という対話型インターフェイスが用意されているので，画面で必要な項目を指定したり，入力するだけで，大抵の操作が実現できます．しかし，統計データベースでは，QBE だけでは実現できない場合があります．そのために用いるのが **SQL** と呼ばれるプログラムです．ただし，使うケースは限られているので，読者は基本的な構文を理解して本文中に示すサンプルを修正するだけで，ほとんどのケースに対応できます．

その下の**フォーム・オブジェクト**はデータベースの顔です．データベースの利用者は，一般にこのフォームを使ってデータを入力したり，検索したりします．フォームは1つ，あるいは複数のテーブルやクエリと関連付けて作成しますが，ウィザードを使うと簡単に雛形ができます．さらに，見やすくするための多数のツールが用意されていますので，自分の好みにあった，凝った画面をつくることができます．

　レポート・オブジェクトは，テーブルやクエリから選択したデータを印刷するオブジェクトです．その機能は豊富で，業務に即した多彩な様式で印刷することができます．ただし，本書の統計データベースでは，生成した統計表をExcelに移すことが目的ですので，それほど凝った様式をつくる必要はありません．主に入力したデータのチェックに使うぐらいですので，ウィザードでつくるだけで十分です．もちろん印刷イメージをプレビュー表示することもできます．

　ページ・オブジェクトはデータアクセスページの略称で，インターネットなどで使われるHTMLファイルと，Internet Explorerからデータにアクセスできるようにするファイルが含まれるオブジェクトです．ネットワークにファイルを発行すると，Office XPおよびInternet Explorer 5.0以降がインストールされているパーソナル・コンピュータで，データの表示，検索，編集を実行することができます．ただし，統計データベースではその機能の一部しか実行できないので，本書では割愛します．

　次は操作を自動化する**マクロ・オブジェクト**ですが，本書ではマクロを使いません．Access上の簡単なアクションを記述するには便利ですが，複雑な処理には対応できないことや，マクロが多数になったときに管理が面倒なこと，エラー処理ができないことなどで，本書ではすべてVBAを使います．

　モジュール・オブジェクトが，そのVBAで記述されたプログラムを含むオブジェクトです．ここに含まれるのは，フォームやレポートなどの任意の場所から呼び出すことができるものです．しかし本書では，VBAのプログラムはフォームに関連付けて作成し，フォーム上のアクション，たとえばボタンをクリックしたときに実行する動作を記述します．このようなプログラムはフォームとセットになって管理され，モジュール・オブジェクトには現れません．

　以上，Accessの各オブジェクトを簡単に説明してきました．Accessのウィン

ドウの右上隅にある☒をクリックして終了してください．

1.2 テーブルとスキーマ

まずはじめに表1.1を見ていただきましょう．これは国勢調査報告の佐賀県に関する統計表の一部です．国勢調査報告などの統計書は統計表の集まりであり，1つの表がデータベースの単位となります．一般のデータベースは1つの表が物理的に1つのファイルになるものとされていますが，Accessでは複数の表も，それらの定義も，すべて入ったものが1つのファイルを構成していて，表1.1のようなデータの形式は**テーブル**と呼ばれています．今後のこともありますので，混乱を避けるために，本書ではデータベースにかかわる用語はすべてAccessの用語で述べることにします．

表 1.1 統計表の例（平成12（2000）年度国勢調査報告から作成）

地域区分	人口	面積 (km²)	DID 人口	DID 面積 (km²)
佐賀市	167,955	103.76	127,010	23.81
唐津市	78,945	127.49	36,901	9.19
鳥栖市	60,726	71.73	29,762	7.36
多久市	23,949	96.93	—	—
伊万里市	59,143	254.99	11,705	2.63
⋮	⋮	⋮	⋮	⋮

Accessのテーブルは，Excelではリストと呼ばれています．Excelでリストを使ったことのある方ならご存知と思いますが，ここでテーブルについて説明しておきましょう．テーブルでは縦（列）方向を**フィールド**と呼び，表頭を除く横（行）方向を**レコード**と呼んでいます．コンピュータの内部では，メモリもディスクもすべて，データやプログラムは1次元でしか記憶できません．したがって，表1.1のデータはこのレコード方向に並べられて記憶されます．次に表頭は，下に続くデータと区別されて**フィールド名**と呼ばれています．1つのテーブルの中に同じフィールド名があってはなりません．そしてデータを列方向に見たとき，下に並ぶ文字や数値は**フィールド値**と呼ばれていて，違った型，たとえば

文字と数値の混在は許されません．Accessでは多数の**データ型**が用意されていて，テキスト型，メモ型，数値型，日付/時刻型，通貨型，オートナンバー型，Yes/No型，OLEオブジェクト型，ハイパーリンク型，ルックアップウィザードがあり，さらに**数値型**にはバイト型，整数型，長整数型，単精度浮動小数点型，倍精度浮動小数点型，レプリケーションID型，十進型があります．ただしAccessの内部だけで利用する場合は別として，Excelに移す可能性のあるデータはテキスト型か単純な数値型に限定すべきです．

　ここで注意していただきたいのは，表1.1の第1フィールドの地域区分です．統計表として考えたならば，地域区分フィールドに列挙されている市区町村名は表側になるわけですが，データベースのテーブルとしてみると市区町村名もまたフィールド値です．表頭・表側をそれぞれフィールド名とするデータベース理論もあることはありますが，一般的ではありません．とくにAccessではそのような使い方はできません．

　次に**DID**（Densely Inhabited District；人口集中地区）に関するフィールドに注目します．DIDは，人口密度が40人/ha以上の地区が一定のまとまりをもったもので，市街地とみなせる領域です．当然DIDのない市町村は空白となっています．統計表にはこのような空白欄が時々出てきますが，テーブルではこの欄に**Null**という値が入ります．Excelでは空白のセルに該当し，平均などを計算するとき母数には加えられません．すなわち数値が0なのではなく集計対象に入らないのです．Null値については様々な議論があり，まったく不要だという説から，20種類ぐらいのNull値が必要だという説もあります．さらにNull値を認めるとデータベースの構造上，有害だという考え方もあります．しかし筆者はNull値を入れるべきだと思います．それは統計表をできるだけそのままの形でテーブルにしたいと考えるからです．Accessでは，何も入力しないと自然にNull値がフィールドに入ります．

　ところで，現在のような表計算ソフトやデータベース・ソフトが現れるまで，ファイルに記述されているデータは見かけ上，何の説明もない数字や文字・記号の羅列でした．これは現在の汎用コンピュータのデータベースでもそうであって，別に不思議なことではありません．固定長のレコードでは，1つのレコード内の数字，あるいは文字・記号の位置を**カラム**と呼びますが，どのカラムからど

のカラムまでがひとつのフィールドを成すかとか，それぞれのフィールドの意味や名称，そしてデータの型は別に記述されなければなりません．このような記述を**データ定義**といい，データ定義に使われる言語を **DDL**（Data Definition Language）といいます．そして DDL で作成されたフィールドの仕様を**スキーマ**（schema）といいます．

Access では DDL を用いなくても，ユーザがテーブルの設定をするだけでスキーマが自動的に作成されます．さらに Access ではそれらをソフトウェア的，あるいはハードウェア的にどのように情報を保存するかの定義もまた，すべて自動的にやってくれるので，ユーザは関知しなくともよいのです．このことは非常にありがたいことです．旧来のように，ハードディスクのような 2 次記憶装置内のデータの配列といった物理的設計までをユーザがしなければならないとしたら，それは大変な知識と労力を要求されます．この物理的情報を**内部スキーマ**といいます．

一方，テーブルを設計するときに，フィールド名やデータ型およびテーブル間の関係は，Access の対話型インターフェイスを使ってユーザが定義します．すなわち論理的なデータベース設計です．これを **DB スキーマ**といいます．内部スキーマと DB スキーマの間の連携は，**データベース管理システム**（Database Management System；以下 **DBMS**）である Access が管理していて，データやオブジェクトの追加・更新をするときには，内部スキーマを意識することなく作業ができます．これを**物理的データ独立性**といいます．

統計表はテーブルとしてデータベース化されるのですが，DB スキーマは単に 1 つのテーブルを述べるだけではなく，多数のテーブルの集まりの論理的関係も記述しなければなりません．一般にデータベースを設計する場合は DB スキーマは入念に吟味され，安定した構造をもっているのが普通ですが，本書で扱っている統計データベースでは，統計表が入力されるたびに構造が刻々と変化します．したがって極めて柔軟な方法論が必要となるのです．

Excel の簡易データベースには抽出という機能があります．大きなリストから必要なデータだけを取り出すには便利な機能ですが，残念ながら複数のリストを自動的に連結させて合成したデータを取り出すことまではできません．そのためには雑多な手動操作が必要となります．これが表計算ソフトの限界です．ところ

が統計書は多数の統計表からなり，それらはデータベースの中で互いに関係し合いながら複雑な構造をもっています．実際に統計解析をするためには，それら多数の統計表の中から必要なフィールドだけを抽出して結合させなければなりません．データベースにおけるこのような操作の提示が**外部スキーマ**です．広義では作成した表の統計解析やグラフ，地図の作成までもが外部スキーマとされることもありますが，本書ではそこまでは考えません．いったんExcelに移せばそれらの操作は可能ですし，より高度な解析や地図作成にはSPSSやMATLABというソフトがあって，Excelのファイルを取り込むことができます．ここではユーザの求める統計表を生成することを考えるだけで十分でしょう．

　外部スキーマはDBスキーマの上に成り立っています．複数の統計表を結合するとき，できる限り簡単な手続きで済ませなければなりません．また，どのテーブルに必要なデータがあるかも，容易に知ることができなくてはなりません．もっと欲を出せば，DBスキーマの内容を知らなくとも外部スキーマがつくれるようにしたいのです．これを**論理的データ独立性**といいます．Accessでは外部スキーマのことを**クエリ**と呼んでいます．クエリは非常に豊富な機能をもち，かつ視覚的にデータを操作できます．単にフィールドを抽出して結合するだけではなく，フィールド値を表頭と表側にした表をつくることも可能です．

　一般のデータベースでは，内部スキーマ，DBスキーマ，外部スキーマの3つが揃えば設計が完了します．ところが統計データベースでは，新しいテーブルを追加するたびに構造が刻々と変化するため，この3つのスキーマだけでは安定しません．DBスキーマは各個のテーブルに関する情報は記載されていますが，DBスキーマの集合体については説明が十分ではありません．この点を補うためのスキーマが**概念スキーマ**です．概念スキーマは統計データベースに特有のスキーマであり，前述の3つのスキーマに概念スキーマを加えたものを**4スキーマアプローチ**と呼んでいます．

　統計表は，個別の調査データやアンケート集計といった個票の集計結果です．それは人，モノ，会社，土地などという対象世界について集められたものですが，個票の調査項目のすべての集計を網羅しているわけではなく，実際に調査・統計解析に使われるであろう目的に応じて，ある一定の範囲で組み合わせたものです．したがってDBスキーマは，実在するテーブル（統計表）に対してのみ設

定されます．ところが統計データベースの利用者は，作成した本人なら別ですが，どのようなテーブル（統計表）があるかをすべて知っているわけではありません．したがって外部スキーマをつくるときには DB スキーマの集合体をいちいち参照するのではなく，データの一覧としての概念スキーマを参照できることが必要となります．

　統計データベースを作成するときには，入力の元となるデータが統計書であれ電子メディアであれ，どのような調査の集計結果であるかは事前にわかっているはずです．すると個票における調査項目も知ることができるので，得られるフィールド名の一覧をつくることが可能です．このとき実際にそれらフィールド間のクロス集計表があるかどうかを考える必要はありません．これが概念スキーマとなり，外部スキーマをつくるときの手助けとなるのです．

1.3　リレーショナルモデル

　Access は**リレーショナルモデル**を用いたデータベースです．リレーショナルモデルは，1970 年に E. F. Codd が提案し，広く使われています．データベースのモデルには，そのほかに階層モデルやネットワークモデルなどがありますが，それらがレコードを単位としているのに対し，リレーショナルモデルではテーブルを単位としています．この点は統計表をデータベース化する上で，非常に有利です．

　リレーショナルモデルの特徴は，その簡明さにあります．階層モデルやネットワークモデルをデータベースで実現するためには，かなりの知識と経験が要求されます．それに対しリレーショナルモデルは，その理論こそ精緻であるものの，実現はいたって容易です．したがってコンピュータの専門家でなくともデータベースをつくり上げることができます．パーソナル・コンピュータのデータベース・ソフトのほとんどがリレーショナルモデルを採用しているのはこのためです．

　リレーショナルモデルのテーブルは，いくつかの対象物について観測された n 種類の属性の値（フィールド値）をまとめたものです．複数のフィールド値からなるテーブルの 1 行分をレコードといい，レコードを一意に識別できるフィール

ドのことを**主キー**と呼んでいます．ここで重要なことは，テーブル内のすべてのレコードは一意に識別できる必要があるということです．

Accessでは主キーのために特別なコード体系をつくらなくとも，**オートナンバー**という機能があって主キーを自動的に生成できます．ただし地域区分の都道府県や市区町村のように，コードが制定されている場合は主キーにそのコードを使うほうが無難でしょう．主キーはレコードを特定するための最小限のフィールドからなり，必ずしも単一である必要はありません．地域区分の例では，都道府県コードと市区町村コードの2つのフィールドから成っていてもよいのです．都道府県・市区町村別人口で考えてみると，主キーが定まればレコードが特定され，その人口も定まります．この関係を**従属**と呼びます．

リレーショナル・データベースのテーブルが表計算ソフトのリストと大きく異なるのは，行の並びに意味はないという点です．表計算ソフトでは，レコードの並び順はシート上の並びと完全に一致しています．ところがAccessでは，データを入力した順にレコードが並んでいるとは限りません．表計算ソフトでソートをすると，その結果もまた実体のデータとなりますが，Accessでは仮にソートをしても，画面上に現れているのはあくまで見かけ上であって，ファイルの中が更新されるわけではありません．同様にフィールドの並びにも意味はありません．テーブルを設計するときには，スキーマによって各フィールドを定義するのですが，実際のファイルの中でこの順に並んでいるわけでもないのです．Accessでは最も効率よくデータを保持するため，最適化という操作があります．このとき，フィールドの並びは定義したスキーマの順と異なってしまう場合があります．

リレーショナル・データベースはテーブルの集まりですが，自由にテーブルをつくれるわけではありません．後で述べるテーブル間の演算を行うためには，テーブルの作成に当たって適切な論理設計が必要となります．これが**正規化**です．統計表の正規化にはいろいろ複雑な問題があって例とするには適切ではないので，ここでは図書のデータベースを例として正規化について説明します．

(1) 第1正規形

第1正規形とは，フィールド値として単一の値しかとらないようにすることです．言い換えると，テーブルの各フィールド値は単純な値をもっていなければな

ISBN	書名	著者1	著者2	著者3	出版社	価格	出版年
4-254-12057-5	ロータス1-2-3による統計入門	廣松 毅	田中明彦	常盤洋一	朝倉書店	¥2,900	1988
4-274-07412-9	統計データベースの設計と開発	佐藤英人			オーム社	¥3,600	1988
4-254-12111-3	Excelによる統計入門	縄田和満			朝倉書店	¥2,800	1996
4-254-12134-2	Excelによる回帰分析入門	縄田和満			朝倉書店	¥2,800	1998

ISBN	書名	出版社	価格	出版年
4-254-12057-5	ロータス1-2-3による統計入門	朝倉書店	¥2,900	1988
4-274-07412-9	統計データベースの設計と開発	オーム社	¥3,600	1988
4-254-12111-3	Excelによる統計入門	朝倉書店	¥2,800	1996
4-254-12134-2	Excelによる回帰分析入門	朝倉書店	¥2,800	1998

ISBN	著者
4-254-12057-5	廣松 毅
4-254-12057-5	田中明彦
4-254-12057-5	常盤洋一
4-274-07412-9	佐藤英人
4-274-12111-3	縄田和満
4-254-12134-2	縄田和満

図1.3 図書のデータベースで著者を別テーブルに分ける

らないということです．本が共著の場合，1冊の本に対して複数の著者が存在します．これを**多値**といいます．第1正規形では多値を認めていないため，このような場合は別のテーブルに分けます（図1.3）．ここでは，ISBNによって，2つのテーブルが結びついています（なお，ISBNとは，国際図書コードのことで，1冊の本に1つのコードが定まっています）．ただし，このように分割しても情報が失われることはありません．コンピュータ・プログラムでは可変長ファイルというものが存在しますが，リレーショナルモデルでそれを実現すると，類似した値をもつフィールドの繰り返しが発生してしまいます．このためテーブルのフィールド数はそのテーブル全体に対して固定されなければなりません．たとえば著者1，著者2のようにフィールド名が多少変えてあったとしても，内容的に同一のフィールドが発生してはいけないのです．

(2) 第2正規形

リレーショナル・データベースの大前提として，主キーが定まるとただ1つのレコードしか対応してはなりません．このような関係を**関数従属性**といいます．これを定めたものが**第2正規形**です．図1.3ではISBNと著者の対応テーブルを別につくりましたが，この対応テーブルではISBNも著者も同じものが繰り返し現れています．これを**多対多の関連**といいます．リレーショナル・データベース

では多対多の関連は扱えないため，対応テーブルにも主キーを設けて関数従属性が保たれるようにします．このテーブルを**リンクテーブル**と呼びます．このようにするとISBNが定まるとただ1冊の本が定まり，その内容である書名，著者，出版社，価格，出版年が定まります．しかし著者も出版社も同じものが繰り返し出てくるのが普通です．また，著者や出版社について個別にもっと多くの情報が必要になる場合もあるでしょう．そこで著者コードが定まると著者名と所属が定まり，出版者のコードが定まれば，出版社名と住所，電話番号も定まるようにします．このように繰り返しの存在するフィールドに対しては，それを別テーブルに分解し，それぞれのテーブルに対して主キーを定めることによって，複雑なテーブルを単純化する必要があります．

(3) 第3正規形

この単純化を進めましょう．著者については所属が付随していますし，出版社についても住所，電話番号といったものが付随しています．このような多段階に複合したテーブルを分解して，従属関係を単純にするのが**第3正規形**です．つまり，

　　　書名→著者名→所属
　　　書名→出版社→住所

といった推移的な関係を解きほぐして，それぞれのテーブルを定めるのです（図1.4）．このとき書名テーブルでは，出版社テーブルの主キー，出版社コードを参照しています．書名-著者対応テーブルでもISBNや著者コードといった他のテーブルの主キーを参照しています．このように他のテーブルの主キーを参照しているものを**外部キー**と呼びます．複数のテーブルを，主キーと，それを参照する外部キーで関連付けることを，**リレーションシップを定義**する，といいます．正規形には第6までありますが，統計データベースでは第3正規形までの正規化を行えば十分です．

テーブルに対する演算には，次の6種類があります．

(i) **選　択**　　テーブルの中から特定の条件に合致したレコードを取り出すことを**選択**といいます．たとえば先の例では，書名に「データベース」という文字の入ったレコードを抽出するような場合です．

ISBN	書名	出版社コード	価格	出版年
4-254-12057-5	ロータス1-2-3による統計入門	001	¥2,900	1988
4-274-07412-9	統計データベースの設計と開発	002	¥3,600	1988
4-254-12111-3	Excelによる統計入門	001	¥2,800	1996
4-254-12134-2	Excelによる回帰分析入門	001	¥2,800	1998

a 書名テーブル

対応コード	ISBN	著者コード
001	4-254-12057-5	001
002	4-254-12057-5	002
003	4-254-12057-5	003
004	4-274-07412-9	004
005	4-254-12111-3	005
006	4-254-12134-2	005

b 書名-著者対応テーブル

著者コード	著者名	所属
001	廣松　毅	東京大学先端科学技術研究センター
002	田中明彦	東京大学教養学部
003	常盤洋一	佐賀大学経済学部
004	佐藤英山	大阪大学社会経済研究所
005	縄田和満	東京大学教養学部

c 著者テーブル

出版社コード	出版社名	住所	電話番号
001	朝倉書店	東京都新宿区新小川町6-29	03-3260-0141
002	オーム社	東京都千代田区神田錦町3-1	03-3233-0641

d 出版社テーブル

図1.4　図書のデータベースの第3正規形

(ii) **射影**　テーブルから特定のフィールドだけを抽出するのが**射影**です．たとえば書名と著者名を指定して，それらのフィールドだけのテーブルを生成する場合です．なお，抽出したレコードに重複するものがあれば1つだけに限定することができます．

(iii) **結合**　テーブル操作で最も重要なのは，複数のテーブルの**結合**です．正規化によって分解したテーブルを一定の条件にしたがって結合し，あたかも1つのテーブルであるかのようにつくり上げることができます．先ほどの例では，書名テーブル，書名-著者対応テーブル，著者テーブル，出版社テーブルの

4つのテーブルを作成しましたが，結合命令を使うとこれらの4つのテーブルが1つのテーブルとして仮想的に生成されます．

(iv) **合　併**　　スキーマがまったく同じテーブルについては，それらを縦につなぐことができます．複数の人が図書のテーブルをもっている場合，それらのテーブルをつないで新たなテーブルをつくることができます．このような操作が**合併**です．なお，Accessではこの操作を**和結合**と呼んでいます．

(v) **共　通**　　**共通**とは，複数のテーブル間で同じフィールド値をもつものを抽出することです．たとえば複数の人間が図書のテーブルをつくっている場合，それらに共通して存在する本だけのレコードが抽出できます．

(vi) **差**　　差は共通とまったく逆の操作です．複数の図書のテーブルから，他人のテーブルにあって自分にはない本を抽出することができます．

上記のうち(i)～(iii)が**関係演算**と呼ばれ，(iv)～(vi)が**集合演算**と呼ばれています．

1.4　統計データベースの特質

統計データの最もプリミティブな形式は，調査票やアンケート用紙といった**個票**です．個票は統計の調査対象であり，データベースの記述の対象でもあります．この個票は**記述対象**と呼ばれ，集計前にテーブルで記述されている個票の集まりは**記述対象型**と呼ばれています．自分で調査をしたのでなければ，一般には個票を手に入れることは難しく，普通入手できるのは個票を一定の分類で集計した表です．この表は記述対象型の集計された集合として見ることができ，**集合対象**と呼びます．とくに統計表として集計される記述対象については，集計結果となっている集合対象を**統計記述対象**と呼びます．厳密に述べるとこのようになりますが，本書では統計記述対象を，単に統計表と呼ぶことにします．

ここで再び表1.1を見ていただきましょう．Excelのリストでは，フィールド名を付けるとき，そのフィールドの属性についてあまり考えることはありません．しかし統計表のテーブルでは，その属性が何であるかを考える必要があります．地域区分のように，フィールド値が定性的な区分であって統計数値でない属性は，あくまで個票を分類するためだけに用いられた属性であり，これを**分類属**

表 1.2 双方向類別形式の統計表の例（平成 12（2000）年度国勢調査報告から作成，佐賀県）

施設等の世帯の種類	世帯数				世帯人員数			
	世帯人員が1〜4人	5〜29	30〜49	50人以上	世帯人員が1〜4人	5〜29	30〜49	50人以上
寮・寄宿舎の学生・生徒	8	16	6	17	17	269	222	2,125
病院・療養所の入院者	72	77	56	72	186	929	2,236	5,828
社会施設の入所者	1	64	36	79	3	1,009	1,393	5,577
自衛隊営舎内居住者	1	4	1	1	1	47	39	218
矯正施設の入所者	0	2	1	5	0	43	30	748
その他	66	0	0	0	67	0	0	0

性と呼びます．分類属性のフィールドに入れられる個々の値を**カテゴリ**と呼び，1つの分類属性に対するカテゴリの集合を**分類属性定義域**と呼んでいます．これに対し人口や面積は集計によって得られた数値ですので，そのような属性を**統計属性**と呼んで区別します．

次に表1.2を見てください．これは行（レコード）列（フィールド）双方ともに分類属性のカテゴリによって区分されているもので，**双方向類別形式**と呼ばれています．本書の主旨からすれば，統計表はできる限りそのままの形で入力できるのが望ましいのですが，分類属性が混在していると，どのテーブルにどのデータが入っているかが把握しにくくなります．しかもリレーショナルモデルでは，このような形式でテーブルを作成すると関係演算や集合演算が極めて行いにくくなります．それならばなぜ，従来提供される統計表が双方向類別形式を用いてきたかというと，その統計表に詳しい人間なら，フィールド名を見ただけでどのようなデータが収録されるかが分かるからです．また物理的にも少ない容量で保存できるというメリットもあります．ところが任意の統計表を生成するための関係演算や集合演算を考えると，統計データベースには双方向類別形式は向いていません．

そこで表1.2の統計表をリレーショナルモデルで扱いやすいようにしたのが表1.3です．表の左側に分類属性がまとめられ，それらのカテゴリの組み合わせによって統計属性の数値が特定できるようになっています．さらに，統計表の対象を明確にするために，時点と地域区分も付け加えてあります．統計属性にはカテゴリを一切使っていません．この操作は**値属性変換**と呼ばれていて，できあがっ

表 1.3 表 1.2 を行類別形式に変換した統計表

時点	地域区分	施設などの世帯の種類	世帯人員	世帯数	世帯人員数
2000	佐賀県	寮・寄宿舎の学生・生徒	1～4人	8	17
2000	佐賀県	寮・寄宿舎の学生・生徒	5～29人	16	269
2000	佐賀県	寮・寄宿舎の学生・生徒	30～49人	6	222
2000	佐賀県	寮・寄宿舎の学生・生徒	50人以上	17	2,125
2000	佐賀県	病院・療養所の入院者	1～4人	72	186
2000	佐賀県	病院・療養所の入院者	5～29人	77	929
2000	佐賀県	病院・療養所の入院者	30～49人	56	2,236
2000	佐賀県	病院・療養所の入院者	50人以上	72	5,828
2000	佐賀県	社会施設の入所者	1～4人	1	3
2000	佐賀県	社会施設の入所者	5～29人	64	1,009
2000	佐賀県	社会施設の入所者	30～49人	36	1,393
2000	佐賀県	社会施設の入所者	50人以上	79	5,577
2000	佐賀県	自衛隊営舎内居住者	1～4人	1	1
2000	佐賀県	自衛隊営舎内居住者	5～29人	4	47
2000	佐賀県	自衛隊営舎内居住者	30～49人	1	39
2000	佐賀県	自衛隊営舎内居住者	50人以上	1	218
2000	佐賀県	矯正施設の入所者	1～4人	0	0
2000	佐賀県	矯正施設の入所者	5～29人	2	43
2000	佐賀県	矯正施設の入所者	30～49人	1	30
2000	佐賀県	矯正施設の入所者	50人以上	5	748
2000	佐賀県	その他	1～4人	66	67
2000	佐賀県	その他	5～29人	0	0
2000	佐賀県	その他	30～49人	0	0
2000	佐賀県	その他	50人以上	0	0

たテーブルは**行類別形式**と呼ばれています．なお行類別形式の統計表は，関係演算や集合演算で再び双方向類別形式に戻すことができます．それにより，Accessの内部では行類別形式で保存されていても，Excel に移した後は，見慣れた双方向類別形式で処理できます．

分類属性は各表固有ではなく，同じ分類属性が様々な表で複数回使われています．また同じ分類属性でも，分類の細かさの階層に応じて分類属性定義域が異なるものも多数見られます．これらはひとまとめにして，それぞれのカテゴリの属する上位の親のカテゴリを明記し，**木構造**で単一のテーブルをつくるべきです．木構造というのは，すべてのカテゴリの頂点となるカテゴリを根（root）とし，階層が下るに従って枝分かれしていく構造のことです．ID コードを付けて階層化した産業分類のテーブルの例を，表 1.4 に示します．これを**カテゴリ階層テー**

表 1.4 産業分類についてのカテゴリ階層テーブルの例

産業分類 ID	産業分類名	産業分類親 ID
01	第 1 次産業	
0101	農業	01
0102	林業	01
0103	漁業	01
02	第 2 次産業	
0201	鉱業	02
0202	建設業	02
0203	製造業	02
03	第 3 次産業	
0301	電気・ガス・熱供給・水道業	03
0302	運輸・通信業	03
0303	卸売・小売業，飲食店	03
0304	金融・保険業	03
0305	不動産業	03
0306	サービス業	03
0307	公務（他に分類されないもの）	03
09	分類不能の産業	
0901	分類不能の産業	09

ブルと呼びます．なお，分類属性によっては，階層間のカテゴリの対応が木構造になっていないものもありますが，その場合もカテゴリ階層テーブルで対応できます．逆に分類属性定義域が同一であっても分類属性の名称が異なるものがあります（例：夫の年齢，妻の年齢など）．これらは，分類属性は異なる名称で定義し，分類属性の定義域を記すテーブルは同一のものを使用することで手間が省けます．

ここで表 1.1 の DID を含むテーブルをもう一度考えてみましょう．都市化の進んでいない地域では，DID をもたない町や村が多数あります．本章第 2 節では Null 値を用いると述べましたが，このようなテーブルは**汎化テーブル**と呼ばれていて，厳密な正規化を行うためには Null 値の発生しないテーブルを作成すべきとされています．具体的には Access の Yes/No 型フィールドを使って人口集中地区の有無という分類属性をつくります．これによって市区町村の面積・人口を記したテーブルと，DID の存在する市区町村に限定した DID の面積・人口を記したテーブルに分解します．この操作は**汎化関係による正規化**と呼ばれています．

ここで注意すべきことは，元のテーブルの市区町村はDIDのある市区町村を包含する形になっている点です．これは一般には**部分型**と呼ばれていますが，とくにDIDの有無という分類属性による定義は**値制約部分型**と呼ばれています．たとえば都市計画で設定された区域の細かい分類を見ていくと，行政区域は都市計画区域とそれ以外に分かれ，都市計画区域の中には市街化区域と市街化調整区域があります．さらに市街化区域には用途地域制が設定されるという多段階の構成になっています．このような階層関係のことを**汎化階層**と呼びます．

　Windowsのフォルダを利用している方なら，このような階層関係でデータをまとめ上げることがどれほど有意義なことか理解いただけるでしょう．はっきりいってリレーショナルモデルはこのような汎化階層を記述するのは苦手です．最近注目を浴びているオブジェクト指向型データベースでは，継承という概念で階層関係の上位の分類属性のカテゴリを保持しますが，Accessではリレーショナルモデルで実現しなくてはなりません．そこで統計表全体を限定しているカテゴリの分類属性を追加し，統計表テーブルの中で，すべてのレコードに同じカテゴリを入力します．そうすることによって，他のテーブルと結合したときに，そのテーブルの汎化階層を明示することができます．表1.3の，時点と地域区分はその例です．なお，Accessのテーブルの定義では「**既定値**」という項目があって，そこにテーブル全体で同一に入れるカテゴリを指定すると，いちいち入力しなくても自動的に入ります．

　最後に**時系列データ**の取り扱いについて考えましょう．通常得られる統計表では特定時点のクロス集計データ，いわゆるクロスセクションデータと，時系列データとは明確に分けられています．これは表という2次元の世界では，両者の共

表1.5　時系列ベクトルファイルの例（佐藤，1988より転載）

時系列コード	コメント	期種	時点		値のリスト
			開始	終了	
A0001	国民総支出	年	1965	1982	(32657, 73128, …)
B0001	韓国への輸出総額	年	1980	1983	(……, 1427034)
B0002	韓国への食料品輸出額	年	1980	1983	(……, 3351)
B0003	韓国への繊維輸出額	年	1980	1983	(……, 82767)
B0004	中国への輸出総額	年	1980	1983	(……, 1167551)
⋮	⋮	⋮	⋮	⋮	⋮

存が難しいためです．そのため，テーブルを作成するときにはどちらを採るかという選択が必要となりますが，本書が目指す統計データベースでは両者の共存を許す形態でなくてはなりません．

　時系列データのデータベースには，**単純時系列データ**と**構造化された時系列データ**の2種があります．よく用いられるのは単純時系列のほうで，**時系列ベクトルファイル**というファイル形式を採っており，表1.5に示すようなものが多く見受けられます．これを管理するDBMSはリレーショナルモデルではなく，専用のものが開発されます．これは値のリストが多値を取るからです．ただしデータ自体が単純な構造をしているため，DBMSの開発も容易です．そのようなDBMSでは値のリストであるベクトル間の算術演算も用意されていて，比率や総和などが計算できます．ただし双方向類別形式に変換することはできません．それは分類属性や統計属性が構造化されていないためです．

　たとえば時点別地域別人口というのを考えてみましょう．これは統計解析に頻繁に使われるデータであり，インターネットからダウンロードできる国勢調査の時系列データもこの形式になっています．双方向類別形式であって単純時系列データではなく，これもこのままテーブルにすることはできません．それではどのような形式で時系列データをテーブル化するかというと，構造化された時系列データとするのが望まれます．すなわち，表1.3のように時点も分類属性と考えて，他の分類属性と同じように取り扱うのです．一種の値制約部分型です．

　ただし，ここで大きな問題があります．それは時点間で分類属性のカテゴリの変更があることです．単純時系列データではベクトルの変更や追加登録するなどの方法で，割と容易にカテゴリの変更に対応できるのですが，構造化された時系列データではテーブルの大幅な修正が必要となります．すなわち最新の分類属性のカテゴリに合わせて過去のカテゴリを変えて合算したり，Null値を埋め込んだりしなくてはなりません．その解決策として，時点間におけるカテゴリの対応関係をテーブルにし，元の統計表テーブルをそのままにした状態で，過去の統計表テーブルのカテゴリと統計数値を，仮想的に最新のカテゴリに合わせて自動的に組み直す仕組みを第5章第2節で提示します．

・2・
データ辞書テーブル群

　統計データベースには数多くの統計表が蓄えられ，それぞれがテーブル，クエリ，フォーム，レポートといったオブジェクトで管理されます．したがって求めるデータを得るためには，そのデータがどのオブジェクトの中に存在するかを知っていなければなりません．しかしオブジェクトの数が増えるにつれ，データベースの作成者自身でも，どのデータがどこにあるのかを覚えておくのは困難です．そのために使われるのがデータ辞書で，統計データベースに特有なものです．

2.1　データ辞書の仕組み

　パーソナル・コンピュータのアプリケーションとして供給されているデータベース・ソフトでは，対話的にデータベースを構築します．その場合，内部スキーマについては利用者が意識することがありません．しかし現実には，作成したテーブルの物理的情報や，ソフトウェアがデータを管理する情報はデータベースシステムの中に自動的に構築されていきます．これはデータのデータ，すなわち**メタデータ**を記憶し管理するもので**データ辞書**（**DD/D**：Data Dictionary/Directory）といいます．DD/Dによって管理されるメタデータは以下のとおりです（浦・市川, 1998, p. 201）．

　①データベースの構造（レコードの属性とレコード間の関係）に関する情報
　②記憶の形式（整数型，実数型，文字型など）に関する情報

③ データの完全性に関する情報
④ データの安全性に関する情報
⑤ データのアクセス頻度などの統計情報
⑥ データと応用プログラムとの相互参照情報
⑦ 応用プログラムの構造や開発状況に関する情報

　DBMSを自分自身で組み上げる場合は別として，このようなメタデータの管理システムははじめから与えられたものです．ユーザから見た場合，重要なのは①と②です．テーブルの数が増えるにつれ，DBスキーマの数もどんどん増します．データベースの大きな枠組みは概念スキーマに記されているものの，実際に外部スキーマ，すなわちクエリをつくるときには多量の情報の中から適切なDBスキーマを探さなければなりません．したがってデータベースシステムのためのDD/Dとは別に，ユーザにとってのDD/Dも必要になってきます．そのDD/Dについて説明しましょう（佐藤，1988, pp.114〜127）．

　DD/Dが単なるDBMSの一部としてではなく，それ自体が注目され始めた背景にはデータベースの巨大化，複雑化があります．それらを統合するためには個々のDBMSよりも一段階上のシステムが必要となったのです．このような独立した管理システムのことを**DD/DS**（DD/D System）といいます．DD/Dがもっているメタデータは貧弱なもので，それだけではデータベースの世界を第三者が理解することはできません．そこで旧来は手書きのドキュメンテーションが使われていました．しかし手書きでは，ますます巨大化するデータベースを管理するには限界があり，内蔵されたDD/Dとは別にドキュメンテーション管理機能をもったDD/DあるいはDD/DSが利用されるようになったのです．これはユーザがデータベースへアクセスするための手引きで，とくにDD/DSはDD/D内のメタデータを管理するための**メタデータシステム**です．

　統計データベースのDD/DSでは，その位置ははるかに重要です．まずデータベース設計時点において収集するデータは確定していません．またデータの仕様も一様ではなく，統計表ごとにその性質は異なります．さらに各統計表の分類属性は複雑なものであり，カテゴリ階層テーブルという別テーブルに記載されたスキーマ情報との関連性も合わせもちます．また複数の種類の統計データを用いたときには，分類属性の類似した精度の異なる統計表が入力される場合もありま

す．したがってこのようなメタデータの管理は，一般のデータベースよりもはるかに強力でなくてはなりません．

DD/DS の機能の 1 つである外部インターフェイスについては，Access と Excel の連携を使う限りではとても容易です．旧来のメインフレームの統計パッケージや作図パッケージを用いていたときには，それぞれのパッケージの入力形式は固有のもので，DBMS には様々な入力形式に対応する外部スキーマのデータ様式が必要でした．ところが今日では，データそのものが Excel 形式で供給される場合が多く，SPSS や MATLAB などの高度な統計パッケージも Excel 形式のファイルを取り込めるようになっています．しかも Access と Excel のデータ交換は容易であり，この点については DD/DS の機能は不要です．

問題は統計表固有のデータ操作です．統計表の多くは時点ごとのクロスセクションデータで得られますが，統計解析する際にはこれを時点に注目して並べ替え，時系列データとする場合が多々あります．そのとき正規化によって細分されたテーブルを外部スキーマ，すなわちクエリによって再結合するのですが，これが容易にできるかどうかは DD/DS にかかっています．さらに時点間における分類属性のカテゴリの変更も，時系列化を妨げる大きな壁です．このように時点間で形態が異なる統計表の一元化が DD/DS に課せられているのです．

2.2 データ辞書テーブルと正規形

いろいろ調べましたが，Access で DB スキーマを VBA で直接管理するのは極めて難しいようです．そこで DD/DS は，Access の DD/D とは別につくる必要があります．それは DB スキーマの上位のスキーマとして複数のテーブルをつくって管理する方法で，**メタスキーマ**と呼ばれるものです．これは，前章で述べた概念スキーマを具体化したものです．Access のもつ対話型インターフェイスと VBA によるカスタマイズを行うことによって，できるだけ利用しやすい DD/DS にすることを心掛けました．

統計表の DB スキーマとして記述されているのは分類属性と統計属性に大別できます．これらを関係付けるのがリレーションシップです．大本になるテーブルを**マスターテーブル**とします．マスターテーブルは統計表の一覧であり，DD/DS

の中核となるものです．なお，Accessによる統計データベースは表を管理するテーブル，入力を支援するフォーム，データを操作するクエリ，印刷を制御するレポートという4種類のオブジェクトから成っていて，それぞれが統計表に関連付けられています．DD/DSでは，これら4種類のオブジェクトを管理します．

　1つの統計表は複数の分類属性と統計属性をもつため，そのままマスターテーブルに入れると多値になってしまいます．そこで，分類属性と統計属性は，マスターテーブルとは別のテーブルに入れて第1正規形にします．分類属性と統計属性のフィールド名を記したのが，それぞれ**分類属性一覧テーブル**と**統計属性一覧テーブル**です．ただし，逆に同じ分類属性や統計属性が複数の統計表に現れます．これは多対多の関係になっています．そこでそれらを1対多の関係にするため，**分類属性対応テーブル**と**統計属性対応テーブル**というリンクテーブルをつくり1対多の関係に分解します．さらに各テーブルには主キーを付けて第2正規形にします．そして各テーブルの主キーと外部キーを関連付けて，リレーションシップを定義します．以下にそれらのテーブルについて，フィールド名，データ型，注記を示します．

(1) マスターテーブル

　① オブジェクトID： オートナンバー型．主キー．

　② オブジェクト名： テキスト型．統計表の入っているオブジェクトの名前．後で操作しやすいように略した英数字が望まれます．DD/DSがオブジェクトの種類を認識できるように，名前の先頭に**プレフィックス**という文字列を付けます．テーブルの時には先頭にtbl，クエリのときには先頭にqry，フォームのときには先頭にform，レポートのときには先頭にrptをつけます．

　③ 時点： テキスト型．統計表の時点．単一ならば西暦で2000年など，時系列ならば1950～2000年などと記します．

　④ 対象： テキスト型．統計表の対象となっているもの．国名や行政区名，あるいは特定の集団の名前などです．

　⑤ 詳細： メモ型．オブジェクトそのものにはオブジェクト名として短いコメントしか付けられないので，その統計表の詳細な説明をここに記します．出典や統計表の名称などです．

オブジェクトIDの**オートナンバー型**は，数字の1から始まってレコードを追加するたびに値が1ずつ増えるコードです．コードに特別の意味がない場合に使います．詳細の**メモ型**は，フィールド値の文字数が多い場合に使う型です．テキスト型が255文字までであるのに対し，メモ型は65,535文字まで入力できます．ただしこれらはあくまで上限値であって，内部では可変長となっているため記憶容量が上限まで増えるわけではありません．

(2) 分類属性一覧テーブル

現在入力中，あるいは将来入力を予定している統計表の分類属性を一覧するテーブルです．

① 分類属性ID： オートナンバー型．主キー．
② 分類属性名： テキスト型．分類属性の名称（フィールド名）を記します．

(3) 分類属性対応テーブル

統計表と分類属性の多対多の関係を，1対多の関係にするために設けるリンクテーブルです．

① 分類属性対応ID： オートナンバー型．主キー．
② オブジェクトID： 数値型．外部キー．
③ 分類属性ID： ルックアップウィザード．外部キー．

ルックアップウィザードは，IDとなるコードを直接入力するのではなく，**コンボボックス**という窓に分類属性一覧テーブルの内容を表示させて，その中から指定する仕組みです．実態はコードですが，画面上には分類属性名が表示されます．

(4) 統計属性一覧テーブル

分類属性と同様に統計属性の一覧を示すテーブルです．

① 統計属性ID： オートナンバー型．主キー．
② 統計属性名： テキスト型．統計属性の名称（フィールド名）を記します．

(5) 統計属性対応テーブル

統計表と統計属性の多対多の関係を，1対多の関係にするために設けるリンクテーブルです．

① 統計属性対応ID： オートナンバー型．主キー．
② オブジェクトID： 数値型．外部キー．
③ 統計属性ID： ルックアップウィザード．外部キー．

2.3 データ辞書テーブル群の作成

概念スキーマとなるデータ辞書は構造をもたなければなりません．はじめに各テーブルを作成します．ファイル「統計.mdb」をダブルクリックしてAccessを起動し，第1章でつくった「空のデータベース」を開きます．次にデータベースウィンドウの［テーブル］をクリックし，［デザインビューでテーブルを作成する］をダブルクリックします．するとテーブルのデザインビューが表示されます（図2.1）．上部はテーブルのフィールドを定義する行で，**グリッド**と呼ばれています．下部はフィールドの細かな設定をするもので，**フィールドプロパティ**と呼ばれています．ビューは操作の内容によって表示の方法を変えて作業を行うためのもので，テーブルでよく使うビューには他にデータシートビューというExcel

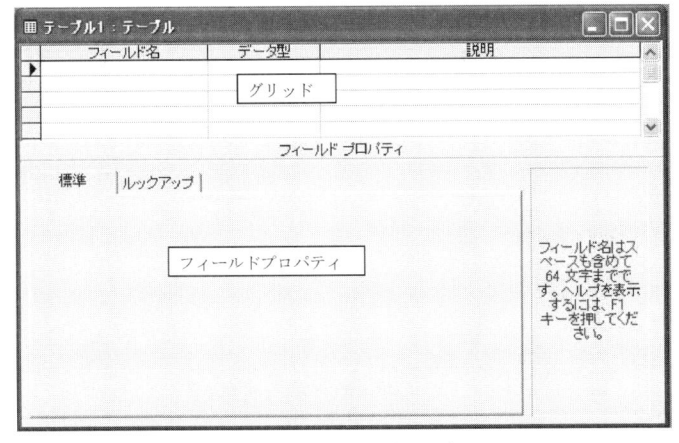

図2.1 テーブルのデザインビュー

2.3 データ辞書テーブル群の作成　　27

のシートに似たビューがあり，ツールバーの［ビュー］ボタンで切り替えます（図 2.2）.

　マスターテーブルで示したフィールド名とデータ型をそれぞれ入力します．データ型は，テキストボックスにカーソルを合わせると右側に下向きの小さい矢印が出ますので，それをクリックして表示されたドロップダウンリストから選択します．このとき，デザインビューの下部のフィールドプロパティで細かな設定をすることができます．マスターテーブルでは，オブジェクト名を略した英数字で入力しますので，オブジェクト名のフィールドプロパティでかな漢字変換をする**IME 入力モード**をオフにします．初期状態ではオンになっていますので，「IME 入力モード」の右のテキストボックスにカーソルを合わせ，右側の小さな下向き矢印をクリックして「オフ」を選択してください（図 2.3）．他のフィールドプロパティはそのままにしておきます．ここまで入力した状態を図 2.4 に示しま

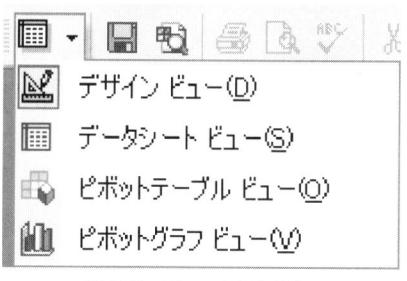

図 2.2　ビューの切り替え

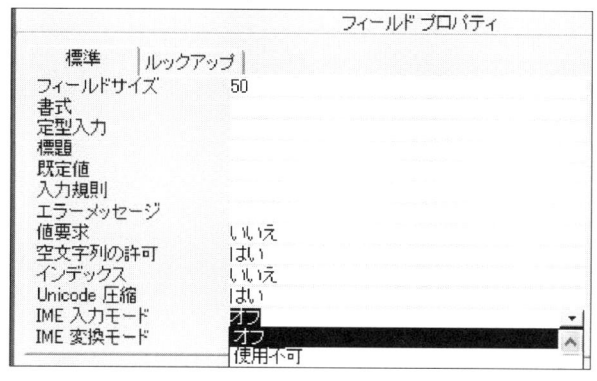

図 2.3　フィールドプロパティの設定

図 2.4 フィールド名とデータ型を入力した状態

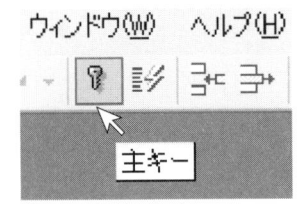

図 2.5 ［主キー］ボタン

図 2.6 主キーのマーク

す．
　オブジェクト ID を主キーに指定します．グリッドの「オブジェクト ID」をクリックしてカーソルを合わせ，ツールバーの［**主キー**］**ボタン**（図 2.5）をクリックしてください．図 2.6 のように，「オブジェクト ID」の左側にある**行セレクタ**に主キーを示すマークがつきます．これでマスターテーブルができましたので保存します．ツールバーの［**上書き保存**］**ボタン**（図 2.7）をクリックするとテーブルを保存するダイアログボックスが表示されますので，「マスターテーブル」と名前を付けて保存してください．Access は Word や Excel と違って，全体を

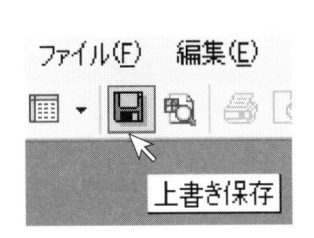

図 2.7 ［上書き保存］ボタン

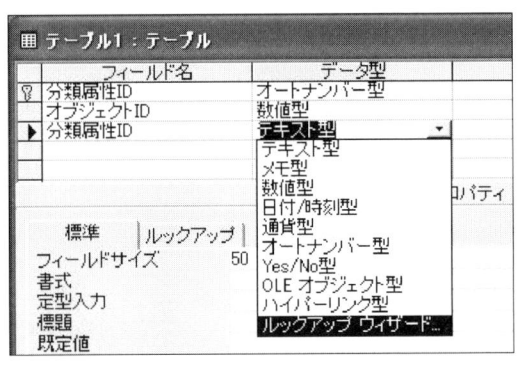

図 2.8 ルックアップウィザードの指定

まとめて保存するのではなく，オブジェクトごとに保存します．Accessの終了時には，保存する必要はありません．保存したら，デザインビューの右上の $\boxed{\times}$ をクリックして，ウィンドウを閉じてください．同様の手順で分類属性一覧テーブルと統計属性一覧テーブルを作成してください．

分類属性対応テーブルと統計属性対応テーブルでは，マスターテーブルのオブジェクトID，分類属性一覧テーブルの分類属性ID，統計属性一覧テーブルの統計属性IDといった主キーを外部キーとして参照します．これらのうち分類属性IDと統計属性IDはルックアップウィザードで関連付けますので，その点を説明します．

まず分類属性対応テーブルをつくります．デザインビューを表示させてから，グリッドの1行目と2行目にフィールド名とデータ型を入力し，1行目を主キーに指定してください．そして3行目にフィールド名「分類属性ID」を入力してから，データ型のドロップダウンリストを表示させて「ルックアップウィザード」を選択してください（図2.8）．クリックするとルックアップウィザードが表示されますので，「テーブルまたはクエリの値をルックアップ列に表示する」のセレクトボタンをオンにし，［次へ］をクリックします（図2.9）．次の画面では「テーブル」のセレクトボタンをオンにし，表示されたテーブル一覧画面から「分類属性一覧テーブル」を選択し［次へ］をクリックします．第3画面では

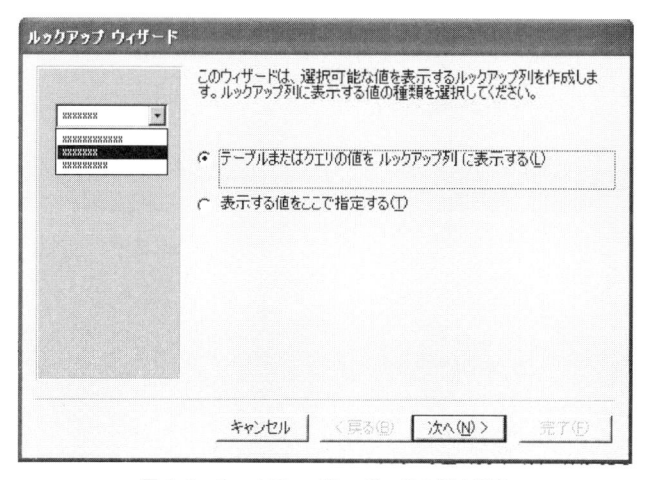

図 2.9 ルックアップウィザードの第1画面

「選択可能なフィールド」として「分類属性ID」と「分類属性名」が図2.10のように表示されていますので，[>>]をクリックして2つのフィールドを「選択したフィールド」に移し，[次へ]をクリックします．第4画面は何もせずに[次へ]をクリックします．図2.11に示す第5画面では，ルックアップ列につけるラベルを指定します．「分類属性ID」と反転表示されていますので，マウスでテキストボックスの中をクリックして，カーソルを表示させて通常の表示にして

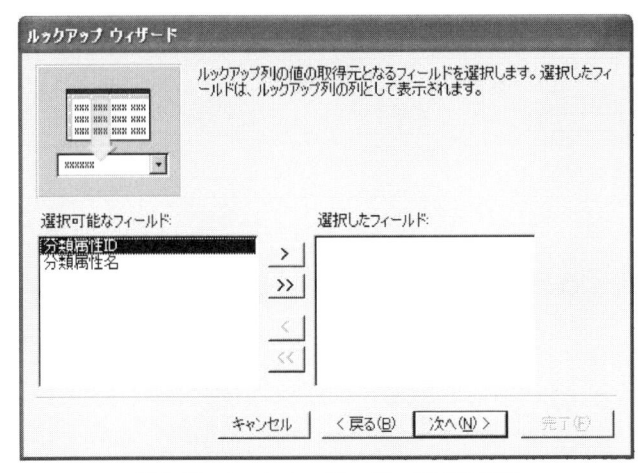

図2.10 ルックアップウィザードの第3画面

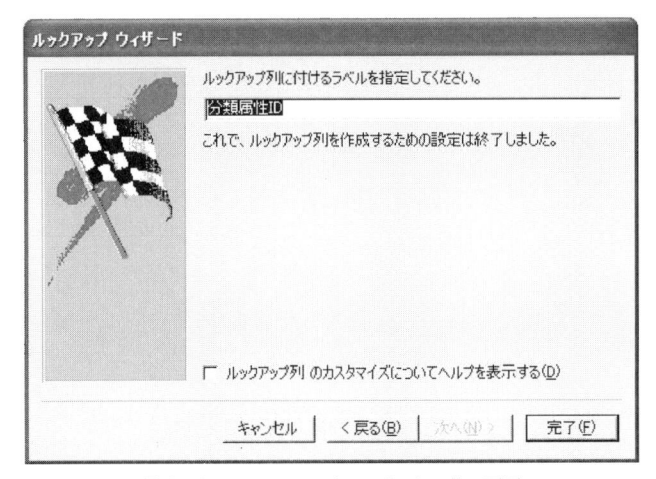

図2.11 ルックアップウィザードの第5画面

から「分類属性」に変更し，[完了]をクリックしてください．するとOfficeアシスタントが，テーブルを保存してよいか聞いてきます．[はい]をクリックし，名前を「分類属性対応テーブル」として保存してください．そしてデザインビューを閉じます．

「統計属性対応テーブル」も同様に作成します．「分類」の文字が「統計」に変わるだけです．

作成したデータ辞書テーブル群にリレーションシップを定義します．ツールバーの[リレーションシップ]ボタン（図2.12）をクリックすると，単純な結合線で結ばれたリレーションシップである図2.13が表示されます．ここでは，各テーブル名とその中のフィールド名がアイコン（**フィールドリスト**）で表示されています．表示されていないテーブルがあるときは，ツールバーの[**テーブルの**

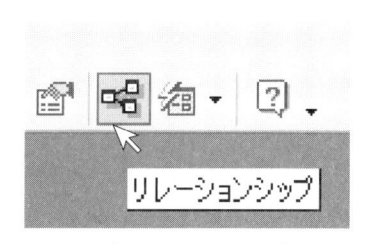

図 2.12 [リレーションシップ]ボタン

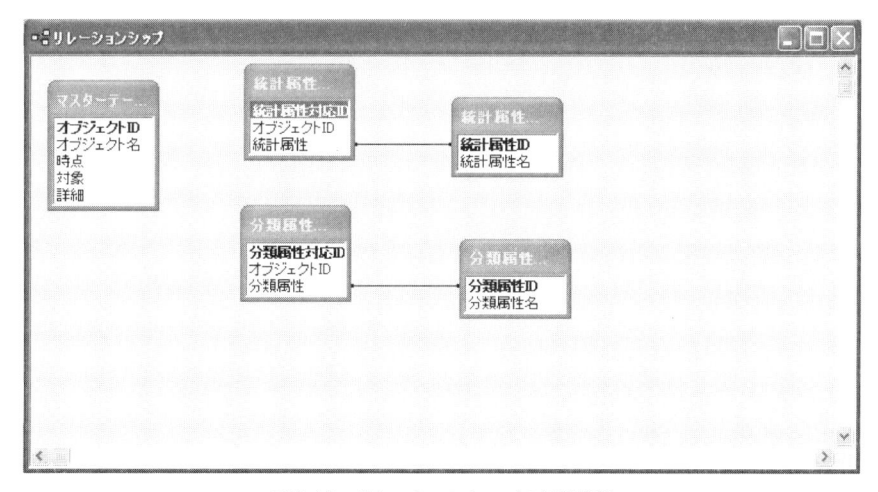

図 2.13 リレーションシップの初期状態

表示］ボタン（図2.14）をクリックして「テーブルの表示」ダイアログボックスを表示し，画面にないテーブルを選択して［追加］をクリックし，［閉じる］をクリックします．

この状態では，まだフィールド「オブジェクトID」のリレーションシップが定義されていません．そこで，リレーションシップの画面上で示されているテーブルのフィールド名について，それぞれ主キーから外部キーに関連付けます．はじめにマスターテーブルのフィールド名「オブジェクトID」から分類属性対応テーブルのフィールド名「オブジェクトID」という方向にドラッグ＆ドロップします．すると「リレーションシップ」ダイアログボックスが表示されるので，「参照整合性」，「フィールドの連鎖更新」，「レコードの連鎖削除」のすべてのチェックボックスをオンにし［OK］をクリックします（図2.15）．1対多（∞）の関連が明示された結合線が引かれます．

参照整合性は，2つのテーブル間で結び付けられたフィールドの内容に，矛盾が起きないように機能を制限するものです．**フィールドの連鎖更新**は，2つのテ

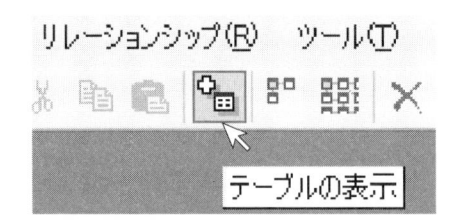

図 2.14 ［テーブルの表示］ボタン

図 2.15 リレーションシップのダイアログボックス

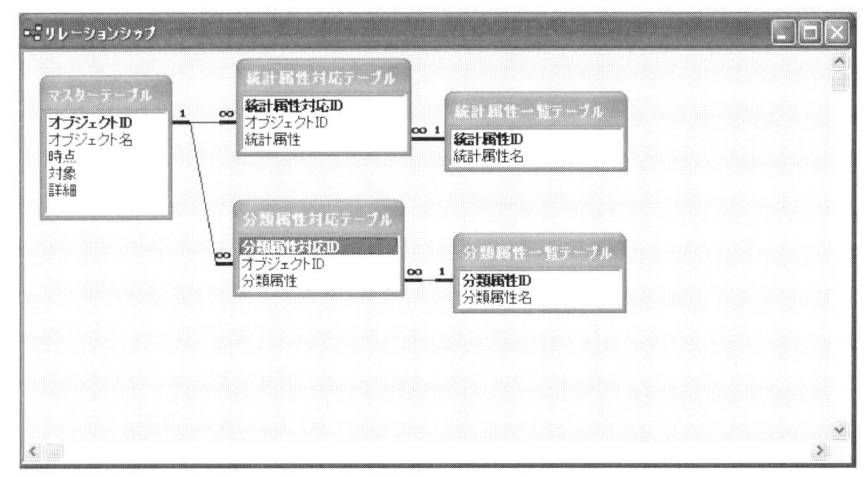

図 2.16 リレーションシップの完成図

ーブル間で結び付けられた一方の内容を変更すると，もう一方のフィールドの内容がすべて同じ値に変更されるようにするものです．**レコードの連鎖削除**は，「1」側のレコードを削除すると，関連する「多」側のレコードも同時に削除されるものです．

次に「マスターテーブル」の「オブジェクトID」から統計属性対応テーブルの「オブジェクトID」という方向にドラッグ＆ドロップし，同様の設定を行ってください．

単純な結合線で結ばれたリレーションシップは，結合線をマウスで右クリックし，現れたメニューの中から［リレーションシップの編集］をクリックして「リレーションシップ」ダイアログボックスを表示させます．先程と同じようにチェックを付けて［OK］をクリックすると，明示された結合線が引かれます．

このままではフィールドリストの中にテーブル名が入りきらないので，フィールドリストの縁をマウスでドラッグして，適当な大きさにしてください．またテーブルのアイコンと結合線が重なって見にくいので，テーブル名をドラッグ＆ドロップして移動させ，見やすい表示にします．完成図を図2.16に示します．［上書き保存］ボタンをクリックしてリレーションシップを保存し，リレーションシップ・ウィンドウを閉じてください．これでデータ辞書テーブル群が完成しました．いったんAccessを終了してください．

・3・
VBA の基礎

　統計データベースの機能の中には，Access の基本機能だけでは実現できないものがあります．それらを実現するためには **VBA**（Visual Basic for Application）と呼ぶプログラム（**プロシージャ**と呼ばれています）を組み込まなければなりません．本書では一般的な統計表に対する VBA を記載していますが，統計表の種類に応じて，プロシージャ中のオブジェクト名やフィールド名を修正する必要があります．そこで，本書で用いる VBA に関する必要最小限の文法を述べ，何が行われているかを理解する手助けをしたいと思います（谷尻，2000, 2002b）．

3.1　プログラムの書き方

　VBA を入力・編集するには **Visual Basic Editor** を使います．ファイル「統計.mdb」をダブルクリックして Access を起動し，メニューバーから［ツール］→［マクロ］→［Visual Basic Editor］を順にクリックしてください．Visual Basic Editor が起動します（図3.1）．ただし，この状態で入力できるのは標準モジュールと呼ばれるもので，特定のオブジェクトとは関連していないプロシージャです．本書では，特定のフォームでコマンドボタンをクリックしたり，テキストボックスに文字列を入力したときに実行される**イベントプロシージャ**を用います．イベントプロシージャを作成するための，Visual Basic Editor の起動方法は次章で述べます．なお，一度入力して保存したイベントプロシージャを編集するときは，上の方法で起動します．

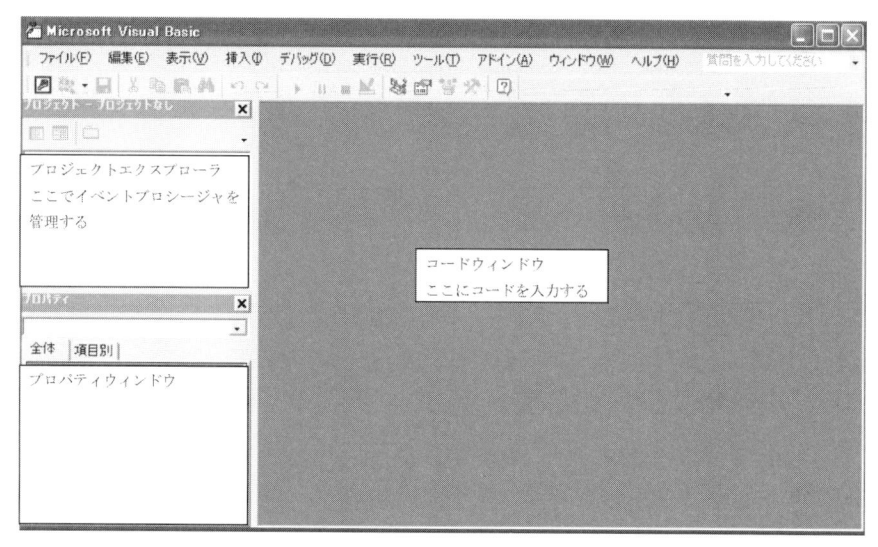

図 3.1　Visual Basic Editor

図 3.2　Access に戻るボタン

　Visual Basic Editor から Access に戻るには，ツールバーの［表示 Microsoft Access］ボタン（図 3.2）をクリックします．Visual Basic Editor が起動されたまま，Access に戻ります．Access のタイトルバーをクリックする方法もあります．再び Visual Basic Editor に戻るには，そのタイトルバーをクリックするか，Windows のタスクバーの中をクリックします．入力したプロシージャは，1 回で完全に動作するとは限らないので，2 つのウィンドウを切り替えながら，プロシージャを修正して完成させます．切り替え方が理解できたら，Visual Basic Editor のウィンドウを閉じて Access を終了してください．

　イベントプロシージャに対応して Visual Basic Editor を起動すると，先頭行と

最終行が自動的に作成されます．たとえばフォームの中で，［実行］というコマンドボタンをクリックしたときのイベントプロシージャをつくろうとすると，

> 例 Private Sub cmd 実行_Click()
>   End Sub

の2行がすでにつくられています．**Private Sub 文**は，このプロシージャがフォームに連結していることを表します．cmd 実行_Click がプロシージャの名前で，プロシージャの起動方法に応じて自動的に付けられます．

プロシージャの名前の後の「( )」は，このプロシージャに何らかの値を引き渡すための**引数**を記述するためのものです．この例では引数がないので，括弧の中は空ですが，引数が必要な場合は自動的に入ります．最終行の **End Sub 文**はプロシージャの終了を示します．この2行の間にプロシージャの文（**コード**）を入力します．

コードの間に空白行を入れても無視されます．見やすくするために，処理のブロックごとに空白行を入れます．さらに処理の内容を示すために**コメント**を入れると，何の処理をしているかがわかりやすくなります．コメントはシングル・クォーテーション「'」の後に記述します．コードの間の行に入れたり，コードの後ろ側に入れることができます．

1行のコードが長すぎるときは，**行継続文字**「 _ 」を使って複数行に分けることができます．分けた行の1行目の最後が文字の場合は，1文字以上の空白が必要です．カンマ「 , 」で終わっている場合は，空白はいりません．

> 例 Private Sub cmd 分類属性_NotInList(Newdata As String, _
>   Response As Integer)

なお，行継続文字の後には，コメントを入れることはできません．逆に1行に複数のコードを記述することもできます．この場合は，それぞれのコードの間にコロン「 : 」を入れます．

> 例 rs.Close : Set rs = Nothing

ただ，むやみに1行を長くすると見にくくなるので，できる限りコードは1行に1つ書くようにしてください．

コードを入力するときには，英文字の大文字と小文字を区別する必要がありません．たとえば「DoCmd」という命令は，「DOCMD」でも「docmd」でもかまいません．Visual Basic Editor が，自動的に正しい表記に直します．また「**自動クイックヒント**」という機能があり，命令の数文字を入力すると，それに該当する命令や引数，設定値などが自動的に表示されます．さらに「**自動構文チェック**」という機能では，入力している命令文の構文に間違いがあると，メッセージが表示されます．

3.2 変　　　数

プロシージャの中で，数値や文字列などを保存するのが**変数**です．数値型の変数は四則演算をしたり，その結果を別の変数に代入したりします．文字列型の変数では，文字列を結合したり，その中に特定の文字列が含まれるかどうかを調べることができます．

変数の名前（**変数名**）は英数字だけでなく，漢字やひらがななども使うことができます．変数名の付け方には，次の5つの規則があります．

① 変数名の先頭は，数字または記号以外の文字でなければなりません．
② 変数名にはスペース，ピリオド「．」，その他の記号「！，＠，＄，＃」などを含めることはできません．「＿」は使うことができます．
③ 変数名の長さは，半角で225文字以内です．
④ VBA には「Sub」とか「End」などの特有の文字列があり，これを**予約語**といいます．変数名には予約語と同じ文字列を使うことができません．
⑤ 変数は1つのプロシージャの内部だけで使えるものと，複数のプロシージャで共通に使えるものがあり，これを**適用範囲**といいます．同一の適用範囲で同じ変数名を使うことはできません．

変数は，その使用目的に応じてデータ型というものがあります．データ型は全部で11種類ありますが，その中からよく使ういくつかをピックアップして説明します．

① **ブール型**（Boolean）
　　真（True）か偽（False）という，論理演算の結果を入れます．

② **整数型**（Integer）
　　$-32{,}768$ から $+32{,}768$ までの整数です．
③ **長整数型**（Long）
　　$-2{,}147{,}483{,}648$ から $+2{,}147{,}483{,}647$ までの大きな整数です．
④ **単精度浮動小数点型**（Single）
　　通常の実数です．7 桁の精度があります．
⑤ **倍精度浮動小数点型**（Double）
　　高精度の実数です．15 桁の精度があります．
⑥ **文字列型**（String）
　　文字列を入れます．最大 2 GB まで入れることができます．

　VBA では，変数を使う前に変数名とデータ型を宣言します．変数の宣言には **Dim 文**を用います．

[書式]　Dim　［変数名］　As　［データ型］

　データ型は，上述の括弧の中で示した単語です．たとえば「A」という変数を文字列型と宣言するには

[例]　Dim A As String

とします．宣言は，通常プロシージャの先頭で行います．

　ところで初期状態の Visual Basic Editor の構文チェックでは，宣言されていない変数名を使ってもエラーになりません．この点を修正しましょう．ファイル「統計.mdb」をダブルクリックして Access を起動し，Visual Basic Editor を起動してください．Visual Basic Editor のメニューバーから［ツール］→［オプション］を順にクリックしてダイアログボックスを表示し，［編集］タブをクリックします．そして「変数の宣言を強制する」のチェックボックスをオンにします（図 3.3）．こうすると，宣言していない変数名を入力したときにエラー・メッセージが表示されます．Visual Basic Editor を閉じ，Access を終了してください．

　プログラムが長く複雑になると，1 つのプロシージャだけで記述するのは見づらく，分かりにくくなります．そこでプロシージャを複数に分割して処理を記述します．このプロシージャの集まりを**モジュール**といいます．プロシージャの中で宣言した変数は，そのプロシージャの中だけで有効です．別のプロシージャで

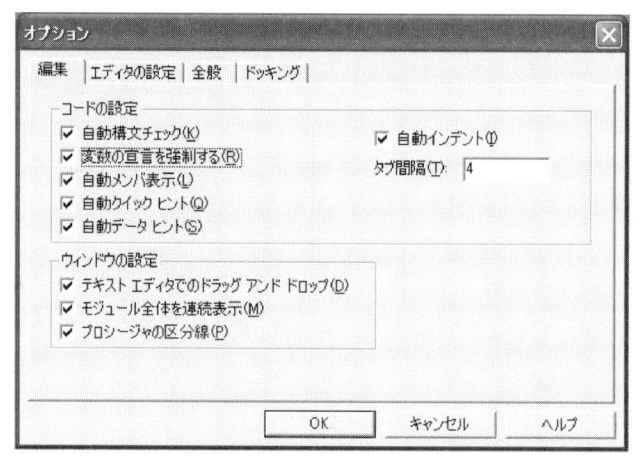

図 3.3 オプションのダイアログボックス

同じ変数名を用いても，それぞれ別の変数として扱われます．

モジュール内のすべてのプロシージャで共通に使う変数を**モジュールレベル変数**と呼びます．宣言は次の書式で，モジュールの先頭で行います．

[書式] Private ［変数名］ As ［データ型］

この変数は，プログラムを実行している間，値が保たれます．同じ変数名をプロシージャ内で宣言することはできません．

一般の数式では，「＝」はその左辺と右辺が等しいことを示します．しかしVBAを含む多くのプログラムでは，「＝」は右辺の演算結果の値を，左辺の変数に**代入**することを表します．たとえば

[例] a = b * 100

は，bという変数に100を掛けた答えを，aという変数に代入するという意味になります．

VBAの**算術演算子**はExcelと同じです．「＋」が加算，「－」が減算，「＊」が積，「／」が商，「＾」がべき乗です．文字列では「＆」という結合演算子があります．たとえば

[例] str = "Ac" & "cess"

とすると，文字列型変数 str には，「Access」という文字列が代入されます．なお変数でない文字列（**リテラル**といいます）は，ダブル・クォーテーション「"」で囲みます．

3.3 値の比較と条件判断

Access の VBA では，あまり数値計算はしません．本書で紹介する VBA でも行っていません．よく使われるのは値の**比較演算**です．その書式は

[書式]　演算結果　=　比較する値1　比較演算子　比較する値2

となります．この式の右辺を**条件式**といいます．演算結果を代入する変数は，ブール型がよく用いられます．たとえばその変数を bool として，

[例]　bool = (a = 50)

とすると，a が 50 のとき bool に True が，50 でないとき bool に False が代入されます．VBA では次の 6 つの**比較演算子**があります．

① ＝ ：左辺と右辺が等しい
② ＜＞ ：左辺と右辺が等しくない
③ ＜ ：左辺が右辺より小さい
④ ＞ ：左辺が右辺より大きい
⑤ ＜＝ ：左辺が右辺以下である
⑥ ＞＝ ：左辺が右辺以上である

これらは変数や値が数値である場合に使います．

より多く用いられるのは文字列の比較です．2 つの文字列を比較するには **Like** という演算子を使います．その書式は

[書式]　演算結果　=　文字列　Like　文字パターン

となります．この場合も演算結果はブール型です．対象となる文字列が文字パターンと一致するときは True，一致しないときは False が代入されます．前と同じようにその変数を bool とし，文字列変数 str に「Access」という文字列が入っているとして，

[例] bool = str Like "*c*"

とすると，この場合は「c」という文字が str に入っていますので True となります．なお，文字パターンはダブル・クォーテーション「"」で挟みます．[*] は**ワイルドカード**と呼ばれるもので，0個以上の任意の文字列を表します．任意の1つの文字を表すときには「?」を使います．

条件式を組み合わせることもできます．たとえば変数 a が 50 以下，かつ 10 以上という条件を設定するには

[例] （a <= 50）And（a >= 10）

というように，**And** で 2 つの条件式を結び付けます．一方，a が 10 以下，または 100 以上という条件を設定するには

[例] （a <= 10）Or（a >= 100）

というように，**Or** で 2 つの条件式を結び付けます．

「もし○○ならば××」を実行するというように，条件が成立するかどうかによって処理を実行する構文を**条件判断構造**と呼びます．最も単純なのは **If … Then 構文**で，その書式は

[書式]　If　条件式　Then
　　　　　　命令文
　　　　End If

となります．条件式が True のとき，命令文を実行します．

条件式が False のときに，他の命令文を実行させるには **If … Then … Else 構文**を使います．

[書式]　If　条件式　Then
　　　　　　命令文 1
　　　　Else
　　　　　　命令文 2
　　　　End If

こうすると条件式が True のときには命令文 1 を，False のときは命令文 2 を実行します．

条件を複数設定して，それぞれの条件が成立するかどうかによって別の処理を実行するには，**If … Then … ElseIf 構文**を使います．

【書式】　If　条件式 1　Then
　　　　　　　命令文 1
　　　　　ElseIf　条件式 2　Then
　　　　　　　命令文 2
　　　　　ElseIf　…
　　　　　　　⋮
　　　　　Else
　　　　　　　命令文 n
　　　　　End If

この場合，それぞれの条件式が成立するかどうかによって，その後に続く命令文を実行します．いずれの条件式も成立しない場合は，Else の後の命令文を実行します．ただしこの Else は省略できます．

3.4　ループ構文

同じ処理を繰り返して実行するときには，**ループ構文**を使います．VBA で使うループ構文には，For … Next と Do … Loop の 2 つがあります．

For … Next 構文は，あらかじめ繰り返す回数がわかっている場合に使います．その書式は

【書式】　For　カウンタ = 初期値　To　最終値　［Step　増分］
　　　　　　　命令文
　　　　　Next　カウンタ

となります．**カウンタ**には整数の変数を使います．初期値，最終値，増分には整数の変数，あるいは整数値を使います．［Step　増分］は省略できます．その場合の増分は 1 となります．たとえば 1 から 10 までの和を計算するには

【例】　x = 0
　　　For i = 1 To 10
　　　　　x = x + i
　　　Next i

となります．

繰り返す回数がわからない場合は **Do … Loop 構文**を使います．その構文は2つあります．「｜」で区切っているのは，その左右のいずれか1つを選択するという意味です．

[書式1]　Do　|While|Until|　条件式
　　　　　　命令文
　　　　　Loop

[書式2]　Do
　　　　　　命令文
　　　　　Loop　|While|Until|　条件式

書式1では，命令文を実行する前に条件式をチェックします．はじめから条件式が False のときには一度も実行されません．それに対して，書式2では命令文を実行した後で条件式をチェックします．そのため，最低でも一度は命令文を実行します．

While と **Until** は，必ずどちらかを指定します．While を使うと，条件式が True である限り命令文を実行します．Until を使うと，条件式が False の間，命令文を実行し，True になると実行を止めます．たとえば x に，1 から順に和を計算して代入し，x の値が 1000 を越したら実行を止めるためには

[例]　x = 0
　　　i = 0
　　　Do
　　　　i = i + 1
　　　　x = x + i
　　　Loop　While　x < 1000

という文になります．

ループ構文の中で，指定した条件式とは別の，何らかの条件によってループを中断したい場合があります．そのときは，For … Next 構文では **Exit For 文**，Do … Loop 構文では **Exit Do 文**を使います．たとえば先の Do … Loop で，i が 100 を越したらループを中断させるには

[例]　x = 0

```
    i = 0
    Do
      i = i + 1
      If i > 100 then
          Exit Do
      End If
      x = x + i
    Loop While x < 1000
```

となります．

3.5 エラー処理とデバッグ

　プログラムの実行中に，何らかの原因でエラーが発生する場合があります．そのときはプロシージャの中の特定の位置に分岐し，**エラー処理**を実行することができます．エラー処理を有効にするためには，プロシージャの宣言文の直後に **On Error** 文を入れます．

[書式]　On Error GoTo 行ラベル

　行ラベルは，エラー処理をする命令文の先頭に付けます．行ラベルの先頭は文字で始めますが，英数字だけではなく，漢字やひらがなども使うことができます．行ラベルの終わりにはコロン「：」を付けます．長さは半角で40文字までで，同一のモジュール内で名前の重複はできません．使用例を次に示します．

[例]
```
    Private Sub 実行( )
    On Error GoTo Err
        命令文
    Normal:
    Exit Sub
    Err:
        MsgBox(Err.Description)
        Resume Normal
    End Sub
```

　このプロシージャでは，エラーが発生すると行ラベル Err に分岐します．エラ

ーが発生しなかったときは，行ラベル Normal の次の **Exit Sub 文**でプロシージャを終了します．Err に分岐したときは，エラーの内容を日本語でメッセージボックスに表示し，**Resume** 文で行ラベル Normal に分岐します．

　本来，正しく動作するはずなのにエラーが発生することがあります．このときはプロシージャのコードにミスがあります．たとえ構文が正しくとも，処理方法が間違っている場合は，その間違い（バグ）を直さなければなりません．この作業を**デバッグ**といいます．

　プロシージャのどこでエラーが発生したかを調べるには，怪しい行に**ブレークポイント**というものを設定します．設定する行の左端をマウスでクリックして反転表示させ，メニューバーから［デバッグ］→［ブレークポイントの設定/解除］を順にクリックします．ブレークポイントを設定すると，その行の左側に「●」が付きます．なお命令文以外の行には，ブレークポイントを設定することができません．この状態でプロシージャを実行すると，ブレークポイントの前の命令文を実行した段階で一時停止します．このとき画面のコードの左側に小さい矢印が現れますが，これが，これから実行する命令文で，**カレントステートメント**といいます（図 3.4）．メニューバーから［デバッグ］→［ステップイン］を順にクリックするか，［F8］キーを押すと，カレントステートメントだけが実行されます．その後，次の行がカレントステートメントになります．

　この状態で変数の値をチェックするには，**ローカルウィンドウ**を使います．メ

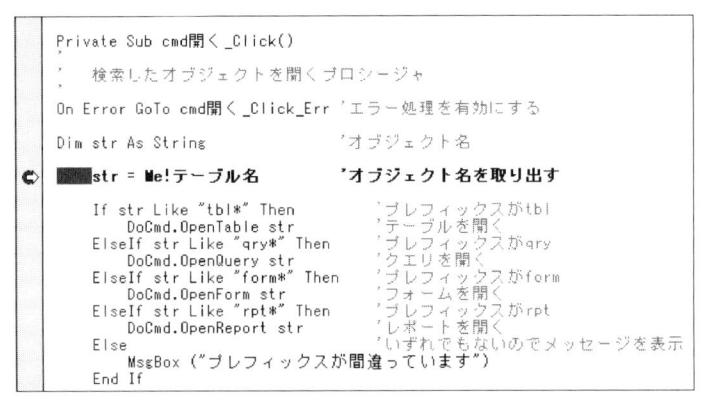

```
Private Sub cmd開く_Click()
'
'     検索したオブジェクトを開くプロシージャ
'
On Error GoTo cmd開く_Click_Err  'エラー処理を有効にする
Dim str As String                'オブジェクト名
  str = Me!テーブル名            'オブジェクト名を取り出す
  If str Like "tbl*" Then        'プレフィックスがtbl
      DoCmd.OpenTable str        'テーブルを開く
  ElseIf str Like "qry*" Then    'プレフィックスがqry
      DoCmd.OpenQuery str        'クエリを開く
  ElseIf str Like "form*" Then   'プレフィックスがform
      DoCmd.OpenForm str         'フォームを開く
  ElseIf str Like "rpt*" Then    'プレフィックスがrpt
      DoCmd.OpenReport str       'レポートを開く
  Else                           'いずれでもないのでメッセージを表示
      MsgBox ("プレフィックスが間違っています")
  End If
```

図 3.4　ブレークポイントとカレントステートメント

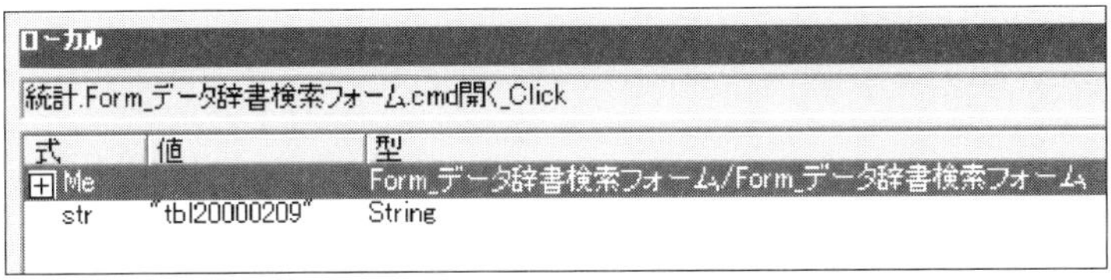

図 3.5 ローカルウィンドウ

ニューバーから［表示］→［ローカルウィンドウ］を順にクリックすると，画面右下にローカルウィンドウが表示されます．この中に，プロシージャ内で使われているすべての変数の値が表示されます（図3.5）．これにより，変数の値が正しいかどうかをチェックすることができます．

　残りのコードを一度に実行するには，メニューバーから［デバッグ］→［ステップアウト］を順にクリックします．**ブレークポイントを解除**するには，設定されている行にカーソルを合わせて，メニューバーから［デバッグ］→［ブレークポイントの設定/解除］を順にクリックします．

・4・
データ辞書システム

　データ辞書テーブル群を作成し，VBAの基礎も述べましたので，データ辞書をシステム化しましょう．この章では，データ辞書入力フォームとデータ辞書検索フォームの2つをつくります．データ辞書入力フォームは，オブジェクトをつくるたびに，そのオブジェクトに関するデータを入力するものです．それに対してデータ辞書検索フォームは，分類属性と統計属性を指定するとデータ辞書テーブル群を検索し，求めるデータの入っているオブジェクトを表示して開く仕組みです．

4.1　データ辞書入力フォーム

　ファイル「統計.mdb」をダブルクリックして，Accessを起動してください．はじめに**データ辞書入力フォーム**をつくります．データ辞書入力フォームはマスターテーブルを**メインフォーム**とし，その中に分類属性対応テーブルと統計属性対応テーブルを組み込む形で行います．分類属性対応テーブルと統計属性対応テーブルは，別個にフォームをつくっておきます．このように，メインフォームの中に組み込む別のフォームのことを，**サブフォーム**と呼びます．データベースウィンドウで［フォーム］をクリックし，［ウィザードを使用してフォームを作成する］をダブルクリックしてください．フォームはウィザードを使ってつくります．

　フォームウィザードの第1画面が表示されるので，「テーブル/クエリ」のテキ

ストボックスの右にある下向き矢印をクリックしてドロップダウンリストを表示させ,「分類属性対応テーブル」を選択します.そして「選択可能なフィールド」の中から「分類属性」のフィールドを選択して［>］をクリックし,「選択したフィールド」に移してから［次へ］をクリックします（図4.1）.フォームウィザードの第2画面では,フォームのレイアウトを聞いてくるので,「表形式」のセレクトボタンをオンにし,［次へ］をクリックします.

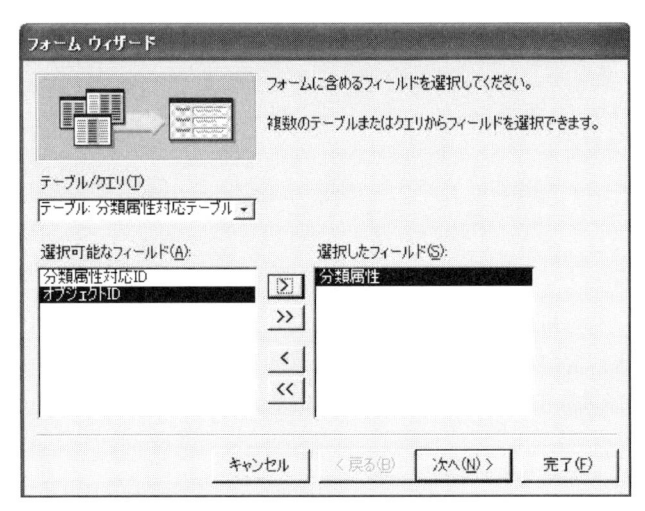

図 4.1 フォームウィザードの第1画面

第3画面では,スタイルを聞いてきます.ここでフォームの背景を指定することができます.好みで他の背景を指定してもかまいませんが,ここではそのまま「標準」を指定して,［次へ］をクリックします.するとフォームウィザードの最終画面が表示されますので,フォームの名前を「分類属性対応フォーム」としてから「フォームを開いてデータを入力する」のセレクトボタンをオンにし,［完了］をクリックします.分類属性対応フォームが表示されます.

このフォームの下にあるのは,表示する**レコードの移動ボタン**です.左から順に「先頭のレコードへ移動」,「1つ前のレコードへ移動」,「現在のレコードの番号」,「1つ後のレコードへ移動」,「最後のレコードへ移動」,「新しいレコードへ移動」,「レコードの総数」です.なお,このフォームをサブフォームとして組み込むと,自動的にスクロールバーが付きますのでレコードの移動ボタンは不要で

4.1 データ辞書入力フォーム

す．そこでこれを消しましょう．ツールバーの［ビュー］ボタンをクリックしてデザインビューにします．同じデザインビューでも，テーブルのものとは大きく異なります．上から順に，「**フォームヘッダー**」セクション，「**詳細**」セクション，「**フォームフッター**」セクションに分かれています．

ここで左上隅の黒い四角を右クリックします（図 4.2）．メニューが表示されたら［プロパティ］をクリックします．プロパティのダイアログボックスが表示されますので，［書式］のタブをクリックしてから「移動ボタン」の右のテキストボックスをクリックし，ドロップダウンリストから「いいえ」を選択します（図 4.3）．ビューをフォームビューにして，レコードの移動ボタンが消えていることを確認してください．

上書き保存してからウィンドウを閉じます．同じ手順で，「分類」を「統計」に変えて統計属性対応フォームを作成してください．

次にメインフォームであるデータ辞書入力フォームをつくります．前と同様にフォームウィザードを表示して「マスターテーブル」を選択した後，「選択可能なフィールド」の中から「オブジェクト名」，「時点」，「対象」，「詳細」の各フィールドを選択して［>］をクリックする操作を順に行い，「選択したフィールド」に移して［次へ］をクリックします．フォームには文章も入るので，レイアウトは「単票形式」とします．フォームのスタイルは「標準」，フォームの名前は「データ辞書入力フォーム」とします．今度は，このフォームの中にサブフォームを組み込むので，「フォームのデザインを編集する」のセレクトボタンをオンにし［完了］をクリックします．フォームがデザインビューで表示されます．なお，「詳細」セクションに「詳細」という名のフィールドがあると，Access が勝

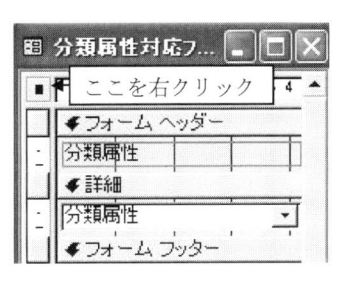

図 4.2　フォームのデザインビュー　　　図 4.3　移動ボタンの削除

手に「詳細1」にフィールド名を変えてしまいます．フィールド名をクリックして，「詳細」に戻してください．

「フォームヘッダー」と「フォームフッター」は，フォームの表題や注釈を書き込むところです．このフォームでは，何も書き込みません．サブフォームを入れるスペースをとるため，「詳細」セクションの領域の縁をドラッグして大きく広げてください．そしてフォームウィンドウを右に，データベースウィンドウを左にずらして，図4.4のようにデータベースウィンドウ内のフォーム名が見えるようにしてください．データベースウィンドウに表示されているフォーム名から，はじめに「分類属性対応フォーム」，次に「統計属性対応フォーム」を，データ辞書入力フォームの「詳細」セクションの適当な位置にドラッグ＆ドロップしてサブフォームを組み込みます．

各サブフォームを移動するには，その中にマウスカーソルを移動してクリックすると，周囲に黒い四角が現れて編集可能な状態になります．この状態でマウスカーソルを動かして手の形になったときにドラッグ＆ドロップします．また各領域は，マウスカーソルを縁に合わせ，矢印になった状態でドラッグ＆ドロップすると，広げたり縮めたりすることができます．ツールバーの［ビュー］ボタンをクリックすると，**フォームビュー**に切り替わり，作成したフォームが表示されますので，図4.5に示す完成図になるようにビューを切り替えながら調整してくだ

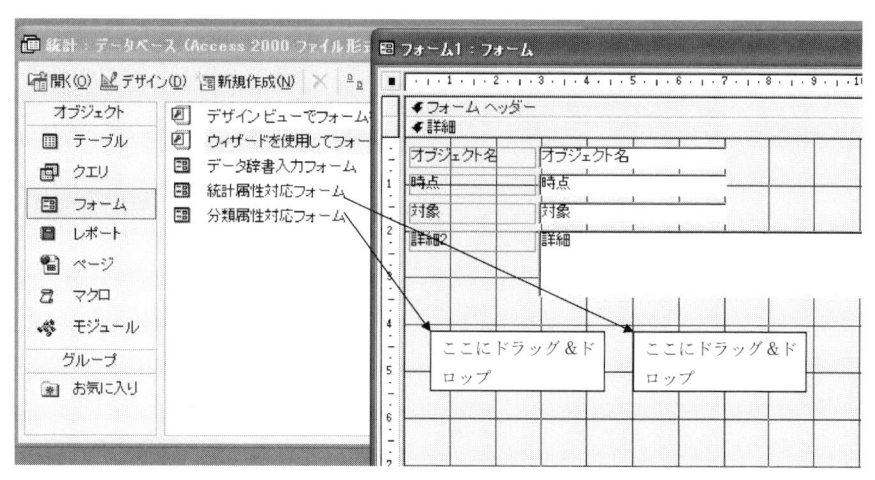

図4.4 サブフォームの組み込み

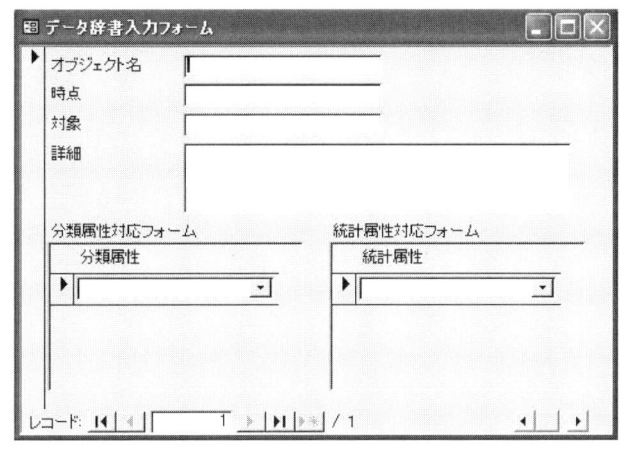

図 4.5 データ辞書入力フォームの完成図

さい．完成したら上書き保存してフォームを閉じます．レイアウトを工夫して，より洗練されたフォームをつくることができますが，ここでは最もプリミティブな状態でとどめておきます．

4.2 データ辞書入力の支援

　分類属性対応テーブルと統計属性対応テーブルに入力するのは，コードであって名称ではありません．かつ，それらのコードは外部キーです．外部キーを入力するときには，その値が必ず参照先のテーブル，この場合は分類属性一覧テーブル，統計属性一覧テーブルの主キーの中に存在しなければなりません．ところが，データ辞書入力フォームには，分類属性一覧テーブルと統計属性一覧テーブルが組み込まれていません．これは，それぞれの対応テーブルを介して，自動的にデータが入力される仕掛けをつくるからです．ルックアップを設定していますので，データ辞書入力フォームの「分類属性」と「統計属性」のテキストボックスの右端に下向き矢印が現れています．それをクリックすると一覧テーブルに入力した名称がコンボボックスという一覧表に表示されます．この時点では，まだ何も入力していませんので，コンボボックスは空です．Access だけの機能では，コンボボックスに属性の名称を追加することができません．そこで VBA をつく

って，コンボボックスから分類属性一覧テーブル，統計属性一覧テーブルにない属性の名称を入力することができるようにします（谷尻, 2000, pp.452〜456；望月, 2001, pp.141〜143）．このとき，属性の名称は自動的に一覧テーブルに追加されます．

　分類属性も統計属性も VBA のコードはほとんど同じですので，分類属性だけについて述べます．統計属性の VBA は，コード中の「分類」の文字を「統計」に変えるだけです．この VBA では **ADO**（ActiveX Data Object）というオブジェクトを使います．ここで ADO について簡単に説明しましょう．（VBA プログラム研究会, 2000, pp.124〜144）．Access のデータベースは，Access からだけではなく，他の Office アプリケーションの VBA からも操作することができます．この操作できる機能は **Jet エンジン**と呼ばれています．VBA で Jet エンジンを操作するのが ADO です．ADO では Jet エンジンの他に，SQL Server や Oracle といった様々なデータベースに接続して操作することができます．ここで Visual Basic Editor を起動し，メニューバーから［ツール］→［参照設定］を順にクリックして「Microsoft ActiveX Data Objects」が追加されていることを確認しておきます（図 4.6）．入っていない場合はマイクロソフト本社のサイト（http://www.microsoft.com/data/default.htm）からダウンロードします．Access の VBA で直接操作できるのは，現在関連付けられているテーブルだけです．この場合の

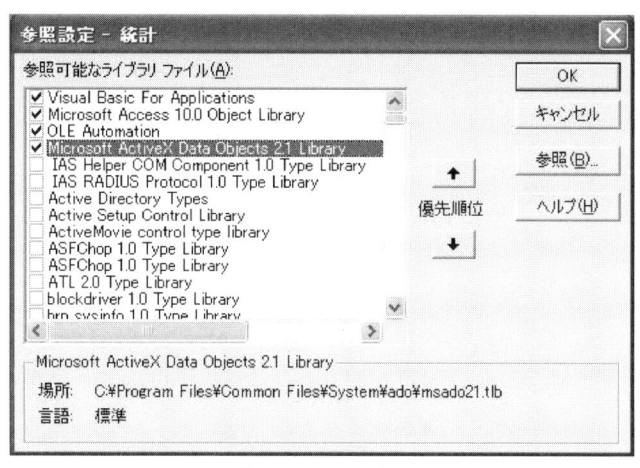

図 4.6　ADO の確認

一覧テーブルのように，関連付けられていないテーブルは，ADOを使って操作しなければなりません．

プロシージャをつくります．Accessのデータベースウィンドウで［フォーム］をクリックし，「データ辞書入力フォーム」をダブルクリックして開いてください．そしてツールバーの［ビュー］ボタンをクリックして，デザインビューにしてください．「分類属性対応フォーム」の「詳細」セクションの下にある「分類属性」のテキストボックスにマウスでカーソルを移動します．隠れて見えないときは，フォームの下の縁にマウスカーソルを合わせて上下の矢印にし，ドラッグして広げてください．

次に，メニューバーの［表示］→［プロパティ］を順にクリックしてコンボボックスのダイアログボックスを表示し，［その他］のタブをクリックして「名前」

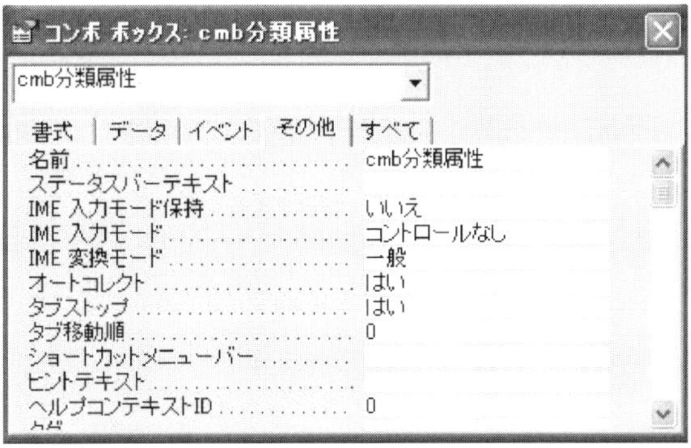

図 4.7 コンボボックスのダイアログボックス

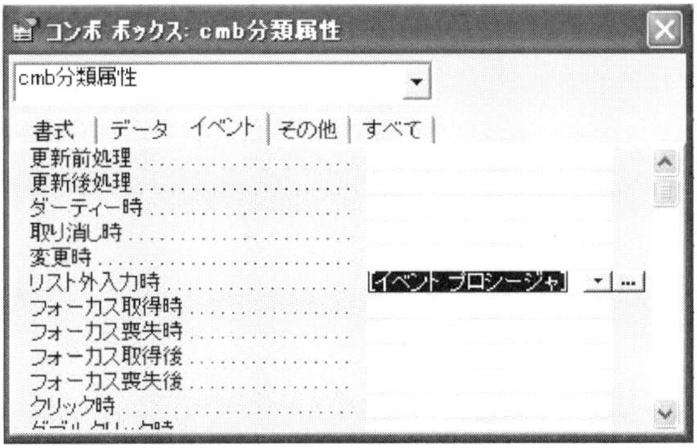

図 4.8 イベントプロシージャの指定

の右のテキストボックスに「cmb分類属性」とプロシージャの名前を入力します（図4.7）．このプロシージャは，コンボボックスのリストにない属性の名称がテキストボックスに入力されたときに起動します．［イベント］タブをクリックして，「リスト外入力時」の右のテキストボックスをクリックし，ドロップダウンリストから［**イベントプロシージャ**］を選択します（図4.8）．テキストボックスの下向き矢印の右側に，点が3つ並んだボタン（イベント発生時のプロシージャをつくるボタン）がありますのでクリックしてください．「ビルダの選択」ダイアログボックスが表示されますので，「コードビルダ」を選択し［OK］をクリックします．Visual Basic Editor が起動します．最初と最後の行が自動的に作成されていますので，その間に図4.9のコードを入力してください．

　ここで，このプロシージャのコードを説明しましょう．プロシージャとしては，少々高度なものです．引数の NewData は，コンボボックスの中にないと判断された分類属性の名称です．そして Response は，メッセージの表示の有無を決める変数です．Dim 文の ADODB.Connection は，ADO でデータベースに接続するための「**Connection**」**オブジェクト**であることを宣言するものです．また ADODB.Recordset は，接続したデータベースの中のテーブルに接続するための「**Recordset**」**オブジェクト**であることを宣言するものです．

　「Response = …」は，このプロシージャで独自のメッセージを表示するための文です．そして strMsg 変数に，メッセージボックスの表示する文字列を代入します．メッセージボックスでは，分類属性の名称の追加の可否を問います．答えが［はい］のときは，2つの **Set 文**で現在開いているデータベースに接続し，さらにテーブルに接続します．そして次の **Open 文**で，分類属性一覧テーブルを，編集可能な状態で開きます．**AddNew 文**では，新しいレコードの分類属性名フィールドに，名称を追加します．

　その後は終了処理です．**Close 文**と Set 文で接続を終了し，テキストボックスに Null 値を入れて消去します．ここで「**Me!…**」は，現在開いているフォームのテキストボックスを指しています．そして再クエリという操作を行って，付け加えたレコードを分類属性対応テーブルに関係付け，コンボボックスから選択できるようにします．なお，メッセージボックスに対する答えが［いいえ］のときには，何もせずにテキストボックスを消去します．

```
Private Sub cmb分類属性_NotInList(NewData As String, Response As Integer)
'   新しい分類属性を分類属性一覧テーブルに追加するプロシージャ
Dim cn As ADODB.Connection      'ADOを使うための変数
Dim rs As ADODB.Recordset
Dim strMsg As String            'メッセージボックスに表示する文字列
Dim blnAns As Boolean           'メッセージに対する答え
    Response = acDataErrContinue        '独自のメッセージのみを表示する
                                        'メッセージボックスに表示する文字列の作成
    strMsg = NewData & "は分類属性一覧テーブルにありません。" & _
        "この分類属性を追加しますか?"
                                        'メッセージに対する答えを受け取る
    blnAns = MsgBox(strMsg, vbYesNo + vbQuestion, "分類属性の追加")
    If blnAns Then              '答えが[はい]のとき
        Set cn = CurrentProject.Connection      '接続
        Set rs = New ADODB.Recordset
        rs.Open "分類属性一覧テーブル", cn, _
            adOpenKeyset, adLockOptimistic  'テーブルを参照
        rs.AddNew "分類属性名", NewData     '分類属性を追加
        rs.Close: Set rs = Nothing          '接続を終了
        cn.Close: Set cn = Nothing
        Me!cmb分類属性 = Null               'テキストボックスを消去
        Me!cmb分類属性.Requery              '再クエリ
    Else                        '答えが[いいえ]のとき
        Me!cmb分類属性 = Null               'テキストボックスを消去
    End If
End Sub
```

図 4.9 分類属性を追加するプロシージャ

　上書き保存し，ツールバーの［表示 Microsoft Access］ボタンをクリックして Accessに戻ってください．コンボボックスのダイアログボックスが残っていますので，右上の☒をクリックして閉じます．そしてツールバーの［ビュー］ボタンをクリックしてフォームビューにし，動作を確認します．フォームの「分類属性」のテキストボックスに，「新しい属性」と入力して［Enter］を押してください．プロシージャが正しく動作すると，図4.10のメッセージボックスが表示

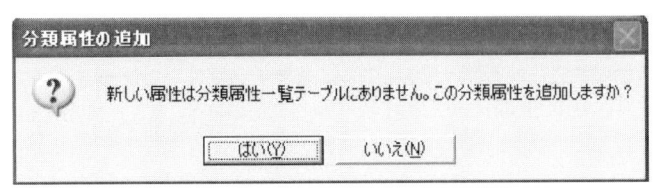

図 4.10 分類属性の追加メッセージボックス

されます．ここで［はい］をクリックすると，「新しい属性」がコンボボックスに追加されて選択できるようになります．正しく動作しないときは，入力したコードに間違いがあります．Visual Basic Editor のタイトルバーをクリックしてウィンドウを切り替え，デバッグしてください．

　分類属性を追加するプロシージャが完成したら，次に統計属性を追加するプロシージャをつくります．Visual Basic Editor を起動させるまでは，同様の作業です．ここで「Form_分類属性対応フォーム」のタイトルバーをクリックしてプロシージャを前面に表示し，最初と最後を除いた行の左端をマウスでドラッグして反転表示させます．次に Word や Excel と同じ，ツールバーの［コピー］ボタンをクリックし，「Form_統計属性対応フォーム」のタイトルバーをクリックしてそのプロシージャを前面に表示します．そして，「End Sub」左端にカーソルを移動しツールバーの［貼り付け］ボタンをクリックしてコードをコピーします．なおプロシージャのウィンドウは，左上の**プロジェクトエクスプローラの一覧**をダブルクリックしても切り換えることができます．

　「Form_分類属性対応フォーム」のプロシージャを前面にして，矢印キーのどれかを押して反転表示を解除し，再び「Form_統計属性対応フォーム」のプロシージャを前面に表示してください．「属性」の文字を，「統計」の文字に置換します．メニューバーの［編集］→［置換］を順にクリックして，図 4.11 の**置換**ダイアログボックスを表示してください．「検索する文字列」に「分類」，「置換後の文字列」に「統計」と入力します．［すべて置換］をクリックすると，確認メッセージが出ますので［OK］をクリックしてください．置換が完了します．終わったら，上書き保存して余分なウィンドウを閉じ，先ほどと同様に動作を確認してください．

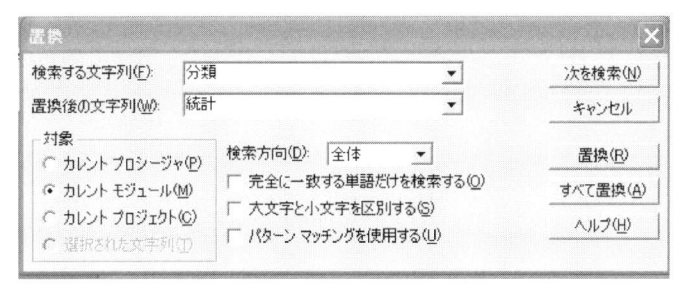

図 4.11 置換のダイアログボックス

4.3 サンプルデータの入力

データ辞書システムの動作を確認するため，データ辞書入力フォームを使って統計表のデータを入力します．ここでは，第1章の表1.1と，表1.3に関するデータを入力することにします．なお，オブジェクト名は，調査の時点の2000と，国勢調査報告の中の巻・表の番号で付けています．

① オブジェクト名： tbl20000114
　時点： 2000 年
　対象： 佐賀県
　詳細： 平成12年国勢調査報告第1巻第14表，都道府県・市区町村・人口集中地区別人口，面積
　分類属性： 時点，地域区分
　統計属性： 人口，面積，DID 人口，DID 面積

② オブジェクト名： tbl20000209
　時点： 2000 年
　対象： 佐賀県
　詳細： 平成12年国勢調査報告第2巻第9表，施設などの世帯の種類（6区分），世帯人員（4区分）別施設などの世帯数および施設などの世帯人員—都道府県，市町村
　分類属性： 時点，地域区分，施設などの世帯の種類，世帯人員
　統計属性： 世帯数，世帯人員数

メインフォームのテキストボックス間の移動は，[TAB] キーか [Enter] キーで行います．サブフォームのテキストボックスの間の移動は，複数のフォームが組み込まれていますのでマウスで行ってください．各属性対応フォームは，テキストボックスの右側の下向き矢印をクリックするとコンボボックスが表示されますので，その中から選択します．コンボボックスにない場合は，テキストボックスに新たに入力します．その後の操作は，前節で述べたとおりです．コンボボックスに追加されたことを確認して，選択してください．[Enter] を押すと，新しいレコードに移動します．入力中に間違って [Enter] を押してしまったときには，サブフォームのスクロールバーのボタンで入力中のレコードに戻ってください．マスターテーブル自体を新しいレコードに移動するときには，一番下のフォーム全体のレコード移動ボタンで，新しいレコードに移動してください．入力が終わったら，上書き保存してフォームを閉じてください．

4.4 データ辞書検索フォーム

データ辞書を使って，入力済みの多数のオブジェクトから目的とする統計表の入っているオブジェクトを検索するための**選択クエリ**をつくります．選択クエリは，リレーションシップで結ばれている多数のテーブルを結合し，必要とするレコードやフィールドを抽出してテーブルを作成するもので，Access におけるデータベース操作の要となるものです．ただし導出されるテーブルは，あくまでメモリ上にある仮想的なものです．その選択クエリを対話型インターフェイスである QBE（Query By Example）で実行する方法を述べましょう．データベースウィンドウで［クエリ］をクリックし，［デザインビューでクエリを作成する］をダブルクリックします．図 4.12 の，選択クエリのデザイン画面が表示されます．

「テーブルの表示」ダイアログボックスの中から，「マスターテーブル」，「分類属性一覧テーブル」，「分類属性対応テーブル」，「統計属性一覧テーブル」，「統計属性対応テーブル」を，順に選択しては［追加］をクリックして，選択クエリウィンドウ上部のフィールドリストに配置します．そして「テーブルの表示」ダイアログボックスの［閉じる］をクリックします．テーブル作成時に各テーブル間のリレーションシップを定義しているので，該当するフィールドの間に結合線が

4.4 データ辞書検索フォーム　61

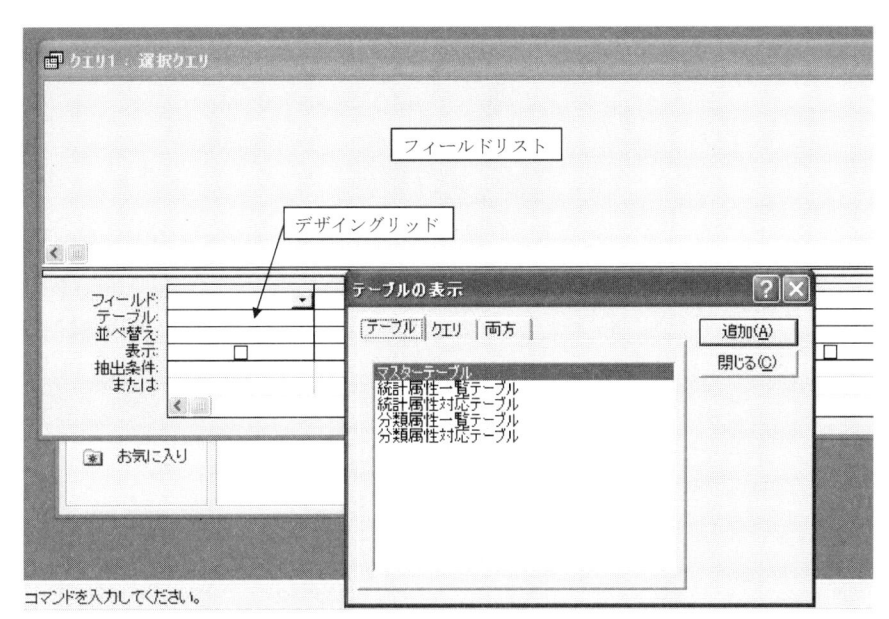

図4.12 選択クエリのデザイン画面

引かれて表示されます．

　次に検索に必要なフィールドを，各テーブルからクエリに追加します．その方法は，リレーションシップで示されている各テーブルのフィールドリストの中から，対象となるフィールドをクリックして選択し，ウィンドウ下部に示されている**デザイングリッド**の中の「フィールド」行に，左から順にドラッグ＆ドロップするというものです．まずマスターテーブルの各フィールド名から「オブジェクト名」，「時点」，「対象」，「詳細」をドラッグ＆ドロップします．そして分類属性一覧テーブルから「分類属性名」，統計属性一覧テーブルから「統計属性名」をドラッグ＆ドロップします．デザイングリッドの「テーブル」行は，自動的に入力されます（図4.13）．

　ツールバーの［**実行**］ボタン（図4.14）をクリックすると，データ辞書を構

図4.13 選択クエリに入れられたフィールド

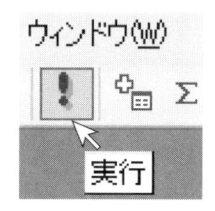

図 4.14 ［実行］ボタン

図 4.15 選択クエリの結果

成するテーブル群が仮想的に1つのテーブルとなって，図4.15のようにデータシートビューで表示されます．これは**内部結合**というもので，各フィールドのすべての組み合わせができています．なお，「詳細」のフィールドの名前が「フィールド0」に変わっていますが，これはAccessの癖のようです．無視してください．このクエリを保存するためツールバーの［上書き保存］ボタンをクリックし，「名前を付けて保存」ダイアログボックスに「統計表一覧クエリ」と入力して［OK］をクリックします．クエリウィンドウを閉じると，「統計表一覧クエリ」が作成されています．

このクエリを元に，検索するクエリをつくります．検索は，分類属性名と統計属性名を指定して行います．分類属性名と統計属性名をダイアログボックスから入力することにしますが，これを**パラメータクエリ**と呼びます．ここで，属性名はあいまいな表現でも検索できるようにしましょう．そのためにはダイアログボックスから入力する文字列の前後に，自動的にワイルドカードの文字「＊」（0個以上の任意の文字列）が付くようにします．こうすると，入力した文字列を含

む文字列が検索の対象となり，属性名を正確に覚えていなくてもよくなります．データベースウィンドウで「統計表一覧クエリ」をダブルクリックしてデータシートビューを表示させてから，ツールバーの［ビュー］ボタンをクリックして，デザインビューにしてください．先のような入力方法を実現するためには，クエリの分類属性名と統計属性名の下の「抽出条件」行に，それぞれ

Like "*" & ［分類属性名を指定してください］ & "*"
Like "*" & ［統計属性名を指定してください］ & "*"

とパラメータの入力に際してのメッセージを含めて入力します（図 4.16）．なお，和文以外はすべて半角の文字ですので注意してください．上書き保存して，ウィンドウを閉じてください．

再びデータベースウィンドウで「統計表一覧クエリ」をダブルクリックしてください．すると図 4.17 のように，それぞれのパラメータごとにダイアログボックスが表示されます．ここではテストのため，分類属性に「地域」，統計属性に「人口」と入力しましょう．順に入力して［OK］をクリックすると，データシートビューで検索結果が得られます．確認したら，ウィンドウを閉じてください．なおダイアログボックスで文字を入力せずに［OK］をクリックすると，すべての文字列を指すことになります．

データシートビューでは文字列が入りきらず見づらくなっています．そこでフォームウィザードを使ってクエリの結果をフォームに表示するようにすると，文

図 4.16 抽出条件の指定

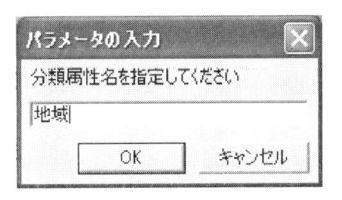

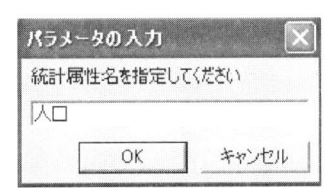

図 4.17 検索する属性名の指定

字列が適当な長さのテキストボックスになって見やすくなります．これを「**データ辞書検索フォーム**」とします．データベースウィンドウで［フォーム］をクリックし，［ウィザードを使用してフォームを作成する］をダブルクリックしてください．第1画面では「テーブル/クエリ」で「統計表一覧クエリ」を選択し，フィールドは［>>］をクリックしてすべてのフィールドを選択します．第2画面では，「単表形式」を選択し，第3画面では「標準」を選択します．最終画面では，フォーム名を「データ辞書検索フォーム」とし，［完了］をクリックしてウィザードを終了します．再び属性名を問い合わせるダイアログボックスが表示されますので，先ほどと同じように入力してください．図4.18のように，検索結果がフォームで表示されます．上書き保存してください．

ところでデータ辞書には，数多くの統計表に関する各種のオブジェクトのデータが入力されています．データベースを構築し利用する過程では，それらのオブジェクトの数がどんどん増します．そうなるとデータ辞書検索フォームは，単にオブジェクト名やそれにかかわるデータを知らせるだけではなく，検索した**オブジェクトを開く**アクションも行いたくなります．そのためにはデータ辞書検索フォームに**コマンドボタン**を設定して，VBAを組み込みます．

フォームが開いた状態でツールバーの［ビュー］ボタンをクリックしてデザインビューにします．オブジェクトを開くコマンドボタンを入れますので，フォームの詳細セクションを下に広げてください．コマンドボタンは**ツールボックス**から貼り付けます．ツールボックスが表示されていないときは，ツールバーの［**ツールボックス**］**ボタン**（図4.19）をクリックしてツールボックスを開いてくだ

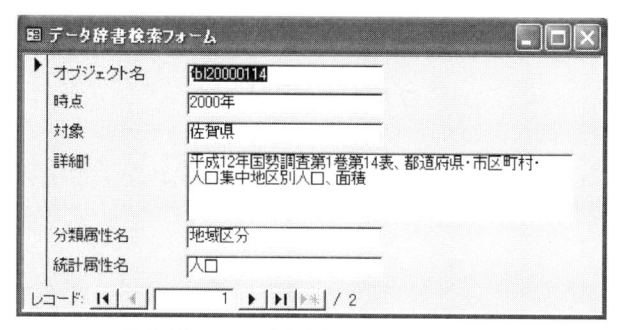

図 4.18 データ辞書検索フォームの第1段階

4.4 データ辞書検索フォーム　65

図 4.19　[ツールボックス] ボタン

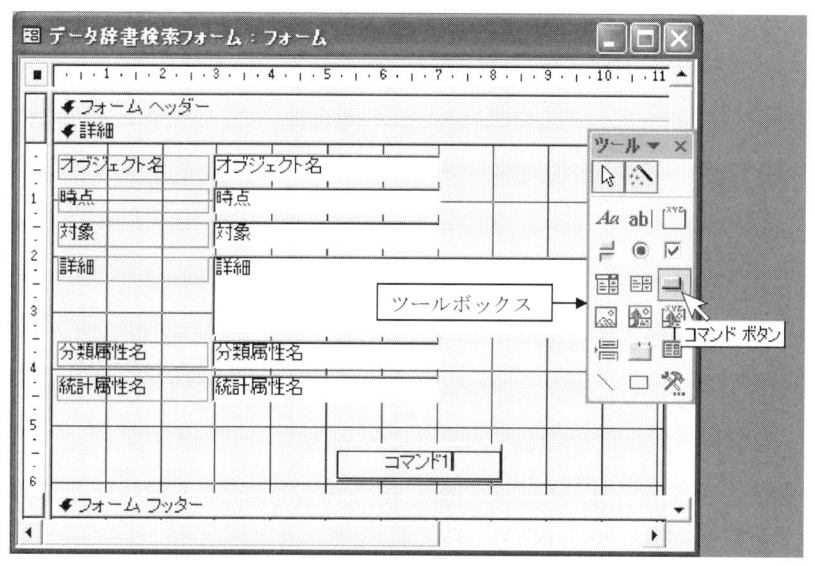

図 4.20　[コマンドボタン] の貼り付け

さい．[**コマンドボタン**] ボタンをクリックしてフォーム上の適当な位置でクリックすると，図 4.20 のようにフォーム上にコマンドボタンが設定されます．コマンドボタンウィザードが起動しますが，これはキャンセルします．

次に，メニューバーの [表示] → [プロパティ] を順にクリックしてダイアログボックスを表示し，[すべて] のタブをクリックして，コマンドボタンの表示名「開く」を「標題」の右のテキストボックスに入力します．さらに「名前」の右のテキストボックスに「cmd 開く」と VBA の名前を入力します（図 4.21）．その後 [イベント] タブをクリックして「クリック時」の右のテキストボックスをクリックし，ドロップダウンリストから [イベントプロシージャ] を選択しま

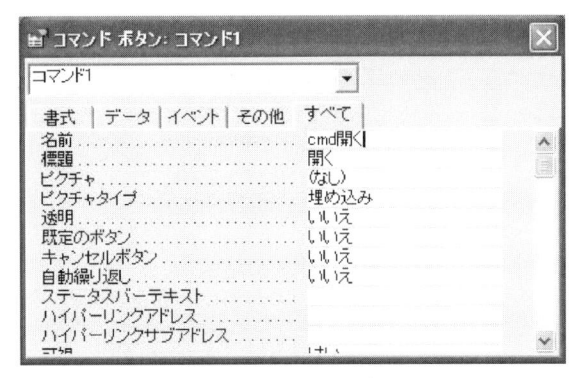

図 4.21 コマンドボタンのプロパティ 1

図 4.22 コマンドボタンのプロパティ 2

す（図 4.22）．テキストボックスの右側のイベント発生時のプロシージャをつくるボタンをクリックすると，Visual Basic Editor が起動します．先頭行と最終行が自動的に作成されているので，図 4.23 のコードを入力してから上書き保存してウィンドウを閉じてください．さらにツールボックスやプロパティを閉じ，ツールバーの［ビュー］ボタンをクリックしてフォームビューにし，もう一度上書き保存してフォームを閉じてください．この段階では，まだオブジェクトを入力していないので，実行することはできません．

このプロシージャは，［開く］ボタンをクリックしたときの動作を記述したものです．「リスト外入力時」のイベントプロシージャに比べると，かなり単純です．はじめに，エラー処理がこのプロシージャの中で行われることを宣言し，エ

```
Private Sub cmd開く_Click()
'   検索したオブジェクトを開くプロシージャ
On Error GoTo cmd開く_Click_Err  'エラー処理を有効にする
Dim str As String                'オブジェクト名
    str = Me!オブジェクト名       'オブジェクト名を取り出す
    If str Like "tbl*" Then       'プレフィックスが tbl
        DoCmd.OpenTable str       'テーブルを開く
    ElseIf str Like "qry*" Then   'プレフィックスが qry
        DoCmd.OpenQuery str       'クエリを開く
    ElseIf str Like "form*" Then  'プレフィックスが form
        DoCmd.OpenForm str        'フォームを開く
    ElseIf str Like "rpt*" Then   'プレフィックスが rpt
        DoCmd.OpenReport str      'レポートを開く
    Else                          'いずれでもないのでメッセージを表示
        MsgBox ("プレフィックスが間違っています")
    End If
cmd開く_Click_Exit:               'プロシージャの終了
    Exit Sub
cmd開く_Click_Err:                'エラー発生
    MsgBox (Err.Description)      'エラーメッセージの表示
    Resume cmd開く_Click_Exit     'エラー処理の終了
End Sub
```

図 4.23 検索したオブジェクトを開くプロシージャ

ラーが発生したときは，cmd 開く_Click_Err の行ラベルに分岐するようにします．そしてオブジェクト名を入れる変数，str を宣言します．

最初の命令文では，「オブジェクト名」のテキストボックスに入っている文字を変数 str に代入します．単一のフォームだけを扱っているので「Me!オブジェクト名」だけで指定できます．そして「Like」で先頭の文字列を，ワイルドカードを使って比較します．先頭の文字列（プレフィックス）が tbl のときはテーブルを開き，qry のときはクエリを開きます．さらにプレフィックスが form のときはフォーム，rpt のときはレポートを開く機能も加えてあります．これにより，マスターテーブルに入力されているものであれば，どのようなオブジェクトであってもデータ辞書検索フォームで検索した結果から直接オブジェクトを開くこと

ができます．

オブジェクトを開くには**「DoCmd」**オブジェクトを使います．

[書式] DoCmd.メソッド　引数1，引数2，…

　これは，マクロで使われるアクションを，VBAで実行するためのオブジェクトです．「Open…」のメソッドで，それぞれの種類のオブジェクトを開きます．引数には，オブジェクト名の変数strを指定しています．

　プレフィックスがいずれのオブジェクトにも該当しない場合は，Else文のところでエラーメッセージを出します．また，何らかの理由でオブジェクトが開けないときには，エラー発生時の行ラベルに分岐し，メッセージボックスにエラーの内容を文で表示して終了します．

4.5　SQLの基礎

　クエリの実体は，実はSQL（Structured Query Language）というデータベース用の言語で書かれたプログラムです．QBEでつくった選択クエリはすべて，Accessの内部でSQL文として生成され，実行されます．先のクエリで見てみましょう．データベースウィンドウでクエリを選択し，「統計表一覧クエリ」をダブルクリックしてください．属性名を指定するダイアログボックスには何も入力せずに，続けて［Enter］を押してデータシートビューを表示させます．ここでクエリウィンドウのタイトルバーを右クリックします．メニューの中に［SQLビュー］という項目がありますので，それをクリックすると複雑なSQL文が現れます．

　リレーショナル・データベースを作成し，操作する言語として一般的に使われているのがSQLです（小野・天貝ほか，2001；木村・高橋，2000；望月，2001, pp. 46～89）．従来の言語では，データの操作について詳細な手続きで指示していたのに対し，SQLでは何がしたいかを指示するだけで済みます．このような言語は**非手順言語**と呼ばれています．ただしAccessでは，テーブルの定義や関係の設定については，すべて画面操作によってSQL文が作成されるため，そのような文は知らなくとも済みます．使うのは選択クエリによって自動生成される

SELECT 文と，和結合に使う UNION 文だけです．UNION 文は簡単なので，実際に使う第 7 章で説明することにして，ここでは SELECT 文だけを説明します．

SELECT 文は次のような書式になっています．[ ] 内はオプションで，「 | 」で区切った部分はいずれか 1 つを選択するという意味です．見ただけでは複雑そうですが，実際使ってみるとそれほどでもありません．統計データベースではテーブルの操作が複雑になるため，画面操作だけでは対応しきれなくなる状況も想定されます．そのような場合は，クエリによる自動作成ではなく，自分で SELECT 文をつくる必要があります．

書式 SELECT ［限定子］ フィールドリスト
            FROM テーブル式 ［,…］［IN 外部データベース］
                ［WHERE …］
                ［GROUP BY …］
                ［HAVING …］
                ［ORDER BY …］
                ［WITH OWNERACCESS OPTION］;

フィールドリストの書式
            ［table.］*|
            ［table.］field1 ［AS alias1］
            ［,［table.］field2 ［AS alias2］［,…］］

SELECT 文は，1 つ，あるいは複数のテーブルからレコードを取り出すものです．条件を指定して，取り出すレコードやフィールドを定めます．文末には「；」という区切り記号を入れます．文中では，どこで改行してもかまいません．複雑なクエリでは複数の SQL 分を含む場合がありますが，本書で用いる程度のクエリは単一の文で済みます．この場合は文末の「；」を省略することができます．予約語は大文字，小文字のどちらで書いてもかまいません．一般の SQL 文では，文中にコメントを入れることができますが，Access の SQL 文では，マニュアルにコメントの入れ方の記述がありませんので，できないようです．

フィールドリストは取り出すフィールドの一覧です．テーブル名とフィールド名をピリオド「 . 」でつないで記述します．すべてのフィールドを指定するときは，フィールド名の代わりにワイルドカードで「 * 」と書きます．また，単一のテーブルしか参照しない場合は，テーブル名が省略できます．「AS」は，既

存のフィールド名や，新しく加えたフィールド名に別名（**エイリアス**）を付けるものです．エイリアスの使い方については第5章で述べます．

　書式には，FROM や WHERE といった句がありますが，このような予約語の句によって指定している部分を**ブロック**といいます．**FROM 句**は，レコードを抽出するテーブルを指定し，結合方法を記述するものです．第1章で結合について簡単に説明しましたが，FROM 句で指定できるのは，内部結合と外部結合です．**内部結合**では「**INNER JOIN**」を使い，テーブル式で結合する際の条件を

　例　FROM tbl1 INNER JOIN tbl2 ON tbl1.ID = tbl2.ID

という形で指定します．この場合は，テーブル「tbl1」のフィールド「ID」が，テーブル「tbl2」のフィールド「ID」と一致するレコードだけを抽出して結合します．一致しないものは，一切抽出されません．

　外部結合では「INNER JOIN」の代わりに「**LEFT JOIN**」あるいは「**RIGHT JOIN**」を使います．これらは，あるテーブルの主キーと，別のテーブルの外部キーに着目し，一方のテーブルの全レコードと，それに対応するもう一方のテーブルのレコードを結びつけます．一般に，主キーのあるテーブルを JOIN の左側に，外部キーのあるテーブルを JOIN の右側に置きます．

　例　FROM tbl1 LEFT JOIN tbl2 ON tbl1.ID = tbl2.ID　…①
　　　FROM tbl1 RIGHT JOIN tbl2 ON tbl1.ID = tbl2.ID　…②

　①では，主キー側のテーブル（tbl1）の全レコードと，それに対応する外部キー側のテーブル（tbl2）が結合されます．1対多の関係で，同じ外部キーが複数のレコードにある場合は，主キー側のテーブルのレコードが複数現れます．それに対し②では，主キー側のテーブルの中から，外部キーで参照されているレコードだけが抽出されます．

　WHERE 句は，選択するレコードを指定する条件を記述するものです．

　書式　WHERE　［フィールド名］　比較演算子　［値］

　比較演算子は，VBA のそれと同じものが使えます．And や Or で，複数の条件を並べることもできます．なお文字列の比較で，Access の SQL では英文字の大文字と小文字は区別しません．また，ひらがなとカタカナ，全角と半角も区別し

ません．AccessのSQLでは，他にもいくつかの条件の指定方法がありますが，統計データベースで用いることはほとんどないので省略します．

　他の句で使うのはORDER BY句です．クエリによって生成されたテーブルでは，どのような並び順になるかは，一般には特定できません．普通は主キーの順になりますが，そうでない場合もあります．そこでユーザが望む順に並べるためには，**ORDER BY 句**で並び順を指定します．

書式　ORDER BY ［フィールド名1］,［フィールド名2］, …

　並べるキーとなるフィールド名は，複数指定できます．最初のフィールドの値が同じなら，次のフィールドの値の順で並べます．なお，文字列のフィールドを指定した場合は，アルファベットや数字のコードはアルファベット順，あるいは数字の順に並びますが，和文の場合は内部コードで並ぶために，必ずしも五十音順にはならないので，注意してください．

　本書では，クエリは可能な限りQBEでつくることを前提にしています．ここで述べたのは，QBEでつくられたクエリを修正する場合や，QBEではつくれないクエリをつくる場合のSQLの文法に限定しています．SQLの文法は，それを述べるだけで1冊の本になるほどの分量があります．詳しく学びたい方は，巻末の参考文献を読んでください．「統計表一覧クエリ」のSQL文を眺め終わったら，クエリウィンドウを閉じてAccessを終了してください．

・5・
分類属性定義域テーブル

　統計表テーブルのレコードは，分類属性のカテゴリの組み合わせによって一意に決まります．ただし分類属性のカテゴリの名称は，時点などの一部を除いて単語や文で示されています．また同じ分類属性が多数の統計表で繰り返し使われていますので，分類属性のカテゴリはコードと名称の組み合わせで，統計表テーブルとは別につくります．それが**分類属性定義域テーブル**です．

5.1　分類属性定義域テーブルの作成

　時点については，分類属性定義域テーブルをつくらずに，西暦で数値として入力します．時点は分類属性ですが，時系列データとして Excel 上で処理するとき，たとえばグラフを作成したり回帰分析をしたりするときには数値として扱わなくてはならないからです．また，後で時点間のカテゴリの不一致を統一するときにも，時点を数値として用います．当然ですが，時点は統計表テーブルでは必須の分類属性です．ただし，明らかに単一時点でしか作成されない統計表の場合は，省略してもかまいません．なお，年より細かい単位，たとえば月，日，旬，あるいは4半期などで類別されている場合は，別のフィールドを追加してそこに入れてください．必要な場合はコードと名称に分け，分類属性定義域テーブルをつくってください．日付/時刻型を使ってはいけません．

　分類属性定義域テーブルのオブジェクト名は，統計表の入っているテーブルと区別するために，プレフィックスに続けて分類属性名を記します．たとえば産業

分類ならば,「tbl産業分類」とします.時点間でカテゴリの組み合わせが変わっても,時点別にテーブルを分けることはせず,全時点の和集合の形でつくります.その理由は,次節で説明します.

ところで産業分類を例にとると,分類属性は大分類,中分類,小分類の3階層で類別されています.また国勢調査の分類属性には明示的に示されてはいませんが,第1次産業,第2次産業,第3次産業という3分類の類別もよく用いられています.階層別に類別した分類属性は多数あり,それらを効率よくテーブル化するためには,第1章で述べたようにカテゴリ階層テーブルとして作成する必要があります.そのために用いるのが**循環リレーションシップ**を使うやり方です(望月,2001, p. 77).第1章の表1.4(p. 17)は,産業分類を3分類と大分類で階層化した例です.ここでは階層別にフィールドをつくらず,すべてのカテゴリを単一のフィールドに並べ,**親ID**によってその階層構造を内部化させます.なおコード体系は慎重に設計する必要があります.階層の上から順に桁を増やしていきます.表1.4に示すように3分類のコードは01,02,03とし,いずれにも属さない産業は「その他の産業(09)」として,大分類は0101,0102というように付けていきます.

それでは産業分類のテーブルをつくりましょう.はじめにテーブルのデータをデータ辞書に入力します.ファイル「統計.mdb」をダブルクリックしてAccessを起動し,データベースウィンドウで[フォーム]をクリックしてから,「データ辞書入力フォーム」をダブルクリックしてフォームを表示させ,新規レコードのボタンをクリックして新しいレコードに移動させます.入力するデータは次の通りです.

　　オブジェクト名:　tbl産業分類
　　時点:　全時点
　　対象:　(空白)
　　詳細:　産業分類の分類属性定義域テーブル
　　分類属性:　産業分類
　　統計属性:　無し

入力したら上書き保存して,フォームを閉じます.

5.1 分類属性定義域テーブルの作成

次にテーブルをつくります．データベースウィンドウで［テーブル］をクリックしてから，［デザインビューでテーブルを作成する］をダブルクリックします．デザインビューで入力するフィールド名とデータ型などは次のとおりです．

① 産業分類 ID ： テキスト型．主キー．
② 産業分類名 ： テキスト型．
③ 産業分類親 ID ： テキスト型．

産業分類 ID と産業分類親 ID はコードで，数値ではないのでテキスト型とします．さらに半角で入力できるように，テーブルウィンドウ下部のフィールドプロパティで IME 入力を「オフ」にしておきます．そして産業分類 ID を主キーに指定します．

ここで，データ辞書検索フォームをテストしましょう．ツールバーの［上書き保存］ボタンをクリックして，名前を「tbl 産業分類」と付けて保存します．そしてテーブルウィンドウをいったん閉じ，データベースウィンドウで［フォーム］をクリックしてから，「データ辞書検索フォーム」をダブルクリックします．検索条件のダイアログボックスの分類属性名には「産業」，統計属性名には「無し」と入力します．「tbl 産業分類」が表示されたら，コマンドボタンの［開く］をクリックすると，「tbl 産業分類」が図 5.1 のようにデータシートビューで開かれるはずです．うまく動かないときはデバッグしてください．

表 1.4 の分類属性定義域テーブルのデータは，**データシートビュー**で入力します．単純なので，フォームをつくる必要はありません．ここでデータシートビューの操作について，簡単に説明します．Excel のシートに似ていますが，可能な操作は限定されています．Excel のセルに該当する Access のフィールドでは，移動はマウス，矢印キー，そして［TAB］キーと［Enter］キーを使います．

図 5.1　tbl 産業分類の初期データシートビュー

[TAB] キーや [Enter] キーを押すと 1 つ右側のフィールドに移動し，レコードの右端で押すと次のレコードの左端に移動します．[SHIFT] キーと [TAB] キーを同時に押すと，逆の順に移動します．

メニューバーの [編集] や [挿入] は，Excel とほとんど同じです．ただし，レコードの中間に新しいレコードを入れることはできません．新しいレコードは，最下部にのみ加えることができます．**レコードを削除**するには，削除したいレコードの左端にマウスポインタを移動し，太い右向き矢印になったらクリックします．レコード全体が白黒反転します．マウスで上下にドラッグすると，連続した複数のレコードを指定することもできます．ここで [DEL] キーを押すと削除されますが，Office アシスタントが確認メッセージを表示します．一度削除したレコードを復元することはできませんので，確認してから [はい] をクリックしてください．

新しい列，すなわち新しいフィールドは，どこにでも入れることができます．挿入したい位置の右側のフィールドにカーソルを移動し，メニューバーの [挿入] → [列] を順にクリックします．「フィールド 1」というフィールドが挿入されます．加えたフィールドは，デザインビューでフィールド名やデータ型などの設定をしなければなりません．**列（フィールド）を削除**するには，削除したいフィールドにカーソルを移動し，メニューバーから [編集] → [列の削除] を順にクリックします．

列（フィールド）を移動するには，マウスポインタを移動したいフィールド名に合わせ，太い下向き矢印になったらクリックします．その列のすべてのフィールドが白黒反転します．次にフィールド名を，移動させたいフィールドとフィールドの間にドラッグ＆ドロップします．列が移動します．例として，産業分類親 ID を 2 列目に移動する場合の途中の図を図 5.2 に示します．これは例なので，実際には移動しないでください．それでは産業分類のテーブルを入力してください．

循環リレーションシップとして入力された産業分類のテーブルを，行類別形式の分類属性に該当する多フィールドのテーブルに復元するためには，**自己結合型クエリ**を用います．少し複雑なので QBE ではなく SQL で書く必要があります．ここでは 3 分類と大分類を 2 組のフィールドに復元する方法について述べましょ

5.1 分類属性定義域テーブルの作成

tbl産業分類：テーブル		
産業分類ID	産業分類名	産業分類親ID
01	第1次産業	
0101	農業	01
0102	林業	01
0103	漁業	01
02	第2次産業	
0201	鉱業	02
0202	建設業	02
0203	製造業	02
03	第3次産業	
0301	電気・ガス・熱供給・水道業	03
0302	運輸・通信業	03
0303	卸売・小売業，飲食店	03
0304	金融・保険業	03
0305	不動産業	03
0306	サービス業	03
0307	公務(他に分類されないもの)	03
09	分類不能の産業	
0901	分類不能の産業	09

図 5.2 列の移動の途中の図

```
SELECT 3分類.産業分類ID AS 3分類ID, 3分類.産業分類名 AS 3分類名,
大分類.産業分類ID AS 大分類ID, 大分類.産業分類名 AS 大分類名
FROM tbl産業分類 AS 大分類 INNER JOIN tbl産業分類 AS 3分類
ON 大分類.産業分類親ID = 3分類.産業分類ID
ORDER BY 3分類.産業分類ID, 大分類.産業分類ID;
```

図 5.3 自己結合型クエリの SQL 文

う．そのためにはエイリアス（別名）を使って，1つのテーブルがあたかも複数のテーブルを操作しているようにします．すなわち産業分類という同一のテーブルを，仮想的に3分類と大分類という2つのテーブルのように扱います．SQL文は図5.3のようになります．

この SQL 文を説明しましょう．元となるテーブル「tbl 産業分類」に，エイリアスを使って「3分類」と「大分類」という2つの別名を付けて，仮想的なテーブルをつくります．それが FROM 句の「tbl 産業分類　AS　大分類」と，「tbl 産業分類　AS　3分類」です．さらに SELECT の直後でエイリアスを使って，「3分類」テーブルのフィールド名「産業分類ID」と「産業分類名」に，それぞれ「3分類ID」と「3分類名」という別名を付けます．「大分類ID」と「大分類名」も同様です．

次にテーブル「大分類」とテーブル「3分類」を INNER JOIN で内部結合し

ます．結合条件 ON は，テーブル「大分類」の「産業分類親 ID」がテーブル「3分類」の「産業分類 ID」と等しいものとします．そして ORDER BY 句で，テーブル「3 分類」の「産業分類 ID」と，テーブル「大分類」の「産業分類 ID」を指定し，昇順に並べます．

SQL 文を入力するには，データベースウィンドウで［クエリ］をクリックしてから，［デザインビューでクエリを作成する］をダブルクリックします．選択クエリのデザイン画面が表示されますので，「テーブルの表示」ダイアログボックスを閉じてください．そしてクエリウィンドウのタイトルバーを右クリックして，メニューの中の［SQL ビュー］をクリックすると，「SELECT;」だけが表示されますので，「SELECT」とセミコロン「;」の間に図 5.3 の SQL 文を入力してください．なお，和文の文字以外は，すべて半角で入力しなければならないので注意してください．

入力が終わったら，ツールバーの［実行］ボタンをクリックしてください．正しく実行されると，図 5.4 の結果が表示されます．このように分類属性を階層化することによって，下位の類別で記されたデータを上位の類別で集計することが可能になります．なお，Access の SQL ビューでは文法的な誤りがあると保存することができません．入力中，あるいは修正中に Access を終了するためには，それまで入力した文をテキストファイルに保存します．Windows のアクセサリのメモ帳を起動して，それまでの SQL 文をカット＆ペーストし，適当な名前を

3分類ID	3分類名	大分類ID	大分類名
01	第1次産業	0101	農業
01	第1次産業	0102	林業
01	第1次産業	0103	漁業
02	第2次産業	0201	鉱業
02	第2次産業	0202	建設業
02	第2次産業	0203	製造業
03	第3次産業	0301	電気・ガス・熱供給・水道業
03	第3次産業	0302	運輸・通信業
03	第3次産業	0303	卸売・小売業, 飲食店
03	第3次産業	0304	金融・保険業
03	第3次産業	0305	不動産業
03	第3次産業	0306	サービス業
03	第3次産業	0307	公務(他に分類されないもの)
09	分類不能の産業	0901	分類不能の産業

図 5.4 自己結合型クエリの結果

付けて保存してください．そしてSQLビューを保存せずにAccessを終了してください．次に作業を行うときは，逆にメモ帳からSQLビューにコピー＆ペーストして始めます．

　SQLによる自己結合型クエリが完成したら，ツールバーの［上書き保存］ボタンをクリックして，名前を「qry産業分類」と付けて保存し，閉じてください．そして，先ほどと同じようにデータ辞書に入力します．入力するデータは次のとおりです．

　　オブジェクト名：　qry産業分類
　　時点：　全時点
　　対象：　（空白）
　　詳細：　階層化した産業分類の分類属性定義域テーブル
　　分類属性：　産業分類
　　統計属性：　無し

入力したら上書き保存して，データ辞書入力フォームを閉じます．

5.2　カテゴリ階層時点間対応テーブル

　時点別に統計表を入力するときに問題となるのは，分類属性のカテゴリの**時点間の対応**です．同じ分類属性であっても分類方法が時点間で異なる場合があります．入力のしやすさから考えると，分類属性定義域テーブルは時点ごとにつくったほうがよいのですが，それでは時点別の統計表を結合するときに，主キーで異なるテーブルを参照しているためにエラーになってしまいます．そのため分類属性定義域テーブルは，全時点の和集合としてつくらなければなりません．時点間のカテゴリの対応関係を調べたところ，それらは以下に示す7つのタイプに類別することができます．ここでは地域区分を例にします．

(1)　type 1
　カテゴリが変更されますが，指し示す対象は変わりません．村から町へ，あるいは町から市へ昇格する場合です．

> 例　(A村) → (B町)

　この場合は，変更前のカテゴリのコードを変更後のカテゴリのコードに直す必要があります．時間的連続性は保たれます．

(2) type 2-1

　1つのカテゴリが複数のカテゴリに分割し，分割前のカテゴリは，分割したカテゴリの上位のカテゴリとして残ります．市が政令指定都市に指定されて，区が設置される場合です．

> 例　(A市) → (A市：a区, b区, c区)

　この場合は，上位のカテゴリのコードが変わることがありますので，そのときはtype1として別に処理します．時間的連続性は保たれます．下位のカテゴリは分割前には存在しないので，時間的連続性は保たれません．

(3) type 2-2

　1つのカテゴリが複数のカテゴリに分割し，分割前のカテゴリは残りません．区の人口が増えて分割され，分割前の名称が分割後に残らない場合です．

> 例　(A区) → (B区, C区)

　この場合は，分割後のカテゴリを使おうとすると時間的連続性は保たれません．分割前のカテゴリのコードに，Nullを入れる必要があります．

(4) type 2-3

　1つのカテゴリが複数のカテゴリに分割し，分割前のカテゴリも残りますが，指し示す対象は異なります．type2-2の変型で，分割前のカテゴリが分割後も使われている場合です．

> 例　(A区) → (A区, B区)

　この場合も分割後のカテゴリを使おうとすると時間的連続性は保たれません．残ったカテゴリのコードは分割前と同じ場合が一般的ですので，分割前のカテゴリのコードにNullを入れる必要があります．

(5) type 3−1

複数のカテゴリが1つのカテゴリに合併して新たなカテゴリができます．いくつかの町村が合併して，新たな市ができる場合です．

[例] （A町，B町，C村）→ （D市）

この場合は，合併前におけるそれぞれのカテゴリのコードを，合併後のカテゴリのコードと同一に直すことによって時間的連続性が保たれます．それは，行類別形式の統計表を双方向類別形式に変換するときに，同一のカテゴリに属す対象の統計数値が，自動的に集計されるためです．

(6) type 3−2

複数のカテゴリが，そのうちの1つのカテゴリに合併します．合併後のカテゴリは，合併前の1つのカテゴリと変わりませんが，指し示す対象は異なります．type3−1の変型で，合併前のカテゴリが合併後も使われている場合です．

[例] （A市，B町，C村）→ （A市）

この場合も，合併前のそれぞれのカテゴリのコードを，合併後のカテゴリのコードと同一に直すことによって時間的連続性が保たれます．

(7) type 4

上位のカテゴリの類別区分が変更されます．地域区分ではほとんど存在しませんが，強いていえば行政区界の変更です．他の分類属性，たとえば世帯人員などで見られます．

[例] （A市：a区，b区，c区），（B市：d区，e区）
→ （A市：a区，b区），（B市：c区，d区，e区）

この場合は，循環リレーションシップの親IDを直します．下位のカテゴリの時間的連続性は保たれますが，上位では保たれません．

対応関係は，テーブルを別につくったほうが便利です．ここでは「tbl対応関係コード」というテーブルをつくります．ルックアップを指定したときにコンボ

ボックスで見やすくするため，対応関係のコードと，その説明をセットにします．テーブルのデザインビューで入力するフィールド名とデータ型などは次のとおりです．

① 対応関係： テキスト型．主キー．
② 説明： テキスト型．

入力は，データシートビューで行います．入力するデータを，表5.1に示します．なお，「type2－1」などの「－」は，見やすくするため全角のマイナスを使っています．特殊なテーブルなので，データ辞書に入力する必要はありません．入力が終わったら，上書き保存して名前を付け，閉じてください．

ここで，実際のデータを入力するのですが，すべての対応関係がコンパクトに入っているデータは，現実にはありません．そこで，佐賀県とその周辺での地域区分の推移について，架空のデータをつくりました．佐賀県の皆さんごめんなさい．それは次のようなものです．

1990年の41201（コード，以下略）佐賀市は，1995年までに政令指定都市に指定されて41100佐賀市となり（type1），41101北区と41102南区が設置されます（type2－1）．そして2000年までに，北区は41103上区と41104中央区に分割されます（type2－2）．また同時期に南区は，41102南区と41105東区に分割されます（type2－3）．

1995年の41301諸富町は，2000年までに市に昇格し41208諸富市となります（type1）．また1995年の41305大和町と41306富士町は，2000年までに合併して41209北部市となります（type3－1）．そして，1995年の41321神埼町と41322千代田町は，2000年までに合併して41321神埼町となります（type3－2）．

表5.1 対応関係コードと説明

対応関係	説明
type1	カテゴリが変更されるが，指し示す対象は変わらない
type2－1	1つのカテゴリが分割し，分割前のカテゴリは上位カテゴリとして残る
type2－2	1つのカテゴリが分割し，分割前のカテゴリは残らない
type2－3	1つのカテゴリが分割し，分割前のカテゴリも残るが，指し示す対象は異なる
type3－1	複数のカテゴリが合併して，新たなカテゴリができる
type3－2	複数のカテゴリが，そのうちの1つのカテゴリに合併し，指し示す対象が変わる
type4	上位のカテゴリの類別区分が変更される

そして 1995 年の 41203 佐賀県鳥栖市は，県境が変わって，2000 年までに 40203 福岡県鳥栖市となります（type4）．このとき親 ID も，佐賀県の 41 から福岡県の 40 に変わります．これらの関係を図にしたのが，図 5.5 です．

　これらの推移で出てくる県名や市区町村名については，和集合として「tbl 地域区分」という分類属性定義域テーブルをつくります．なお Access には，地名や人名などに自動的に**ふりがな**を付ける機能があるので，それを活用しましょう．デザインビューで入力するフィールド名とデータ型などは，次のとおりです．

① 地域区分 ID ： テキスト型．主キー．IME 入力オフ．
② 地域区分名： テキスト型．ふりがなオン．
③ 地域区分読み： テキスト型．IME 入力モードひらがな．
④ 地域区分親 ID ： テキスト型．IME 入力オフ．

　ふりがなを付けるには，「地域区分名」のフィールドプロパティで，「ふりがな」にフィールド名である「地域区分読み」を入力します（図 5.6）．そして

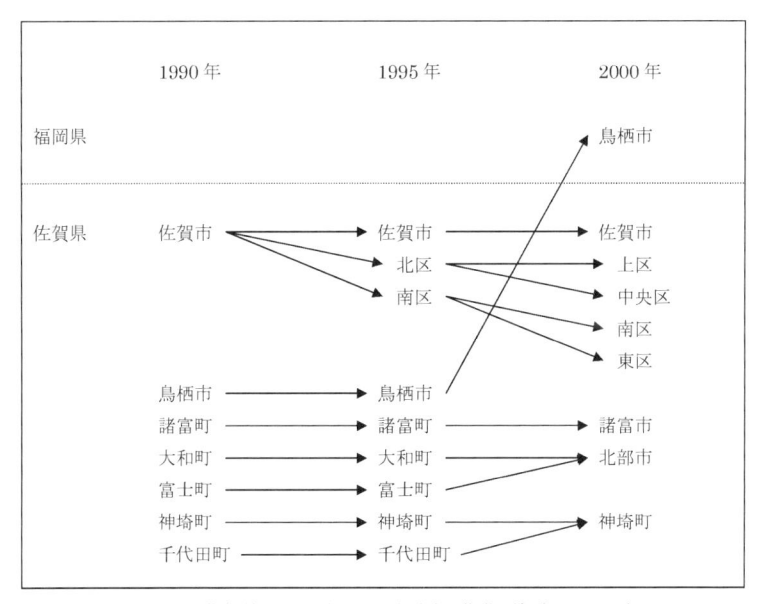

図 5.5　佐賀県とその周辺の地域区分の推移（架空のデータ）

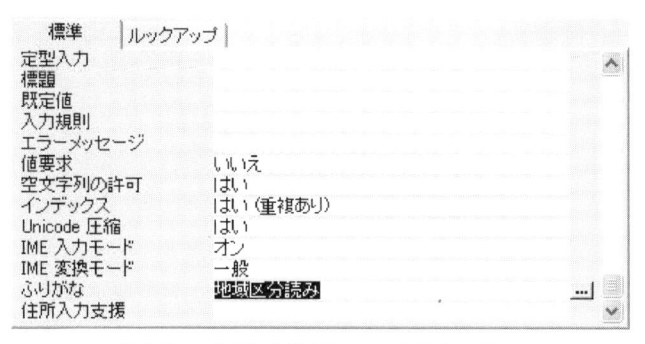

図 5.6　ふりがなを付けるフィールドプロパティ

図 5.7　ふりがなをひらがなにするフィールドプロパティ

「地域区分読み」のフィールドプロパティで，IME 入力モードのドロップダウンリストから「ひらがな」を選択します（図 5.7）．「地域区分名」に文字を入力すると，「地域区分読み」に自動的にふりがなが入ります．表 5.2 にデータを示しますので，データシートビューで入力して，名前を付けて上書き保存し，閉じてください．

このテーブルもデータ辞書に入力します．入力するデータは次のとおりです．

　　オブジェクト名：　tbl 地域区分
　　時点：　全時点
　　対象：　（空白）
　　詳細：　佐賀県とその周辺の地域区分の分類属性定義域テーブル
　　分類属性：　地域区分

表 5.2 架空の地域区分

地域区分 ID	地域区分名	地域区分読み	地域区分親 ID
40	福岡県	ふくおかけん	
40203	鳥栖市	とすし	40
41	佐賀県	さがけん	
41100	佐賀市	さがし	41
41101	北区	きたく	41100
41102	南区	みなみく	41100
41103	上区	かみく	41100
41104	中央区	ちゅうおうく	41100
41105	東区	ひがしく	41100
41201	佐賀市	さがし	41
41203	鳥栖市	とすし	41
41208	諸富市	もろどみし	41
41209	北部市	ほくぶし	41
41301	諸富町	もろどみちょう	41
41305	大和町	やまとちょう	41
41306	富士町	ふじちょう	41
41321	神埼町	かんざきまち	41
41322	千代田町	ちよだちょう	41

統計属性：　無し

時点間のカテゴリに関する対応関係をテーブルにしたのが，**カテゴリ階層時点間対応テーブル**「tbl 地域区分対応関係」です．全時点を通じて1つのテーブルにします．デザインビューで入力するフィールド名とデータ型などは，次のとおりです．

① ID：　オートナンバー型．主キー．
② 対応関係：　ルックアップウィザード．対応関係のコード．「type2-1」など．
③ 前時点 ID：　ルックアップウィザード．前時点のカテゴリのコード．
④ 後時点：　数値型．変更の後の時点を西暦で記します．
⑤ 後時点 ID：　ルックアップウィザード．後時点のカテゴリのコード．

はじめに ID を主キーに指定しておきます．ルックアップウィザードの指定方法を説明します．まず「② 対応関係」では，データ型の指定でドロップダウンリストを表示させて，「ルックアップウィザード」を選択してクリックします．

ルックアップウィザードの第1画面では，「テーブルまたはクエリの値をルックアップ列に表示する」のセレクトボタンをオンにして，［次へ］をクリックします．第2画面では「テーブル」のセレクトボタンをオンにし，表示されたテーブル一覧から「tbl対応関係コード」を選択し，［次へ］をクリックします．

第3画面では，フィールドを2つとも選択するので［>>］をクリックして［次へ］をクリックします．第4画面では，「キー列を表示しない」のチェックボックスをオフにします．そうすると，コードと説明の両方が表示されて選択しやすくなります．そして，マウスポインタをサンプル表示の中の「説明」の右端に合わせ，左右の矢印になったところでダブルクリックします．すると自動的に列幅が広がり，説明の文がすべて表示されるようになります．図5.8のようになったら，［次へ］をクリックします．

第5画面では，実際にフィールドに入るコードである「対応関係」を選択して，［次へ］をクリックします．第6画面では，ラベルを「対応関係」のままにして，［完了］をクリックします．するとOfficeアシスタントが保存してよいか聞いてきますので，［はい］を選択し，名前を「tbl地域区分対応関係」として，［OK］をクリックします．

「③前時点ID」もルックアップウィザードで分類属性定義域テーブル「tbl地域区分」を参照するようにします．第3画面では，いずれのフィールドも「地域

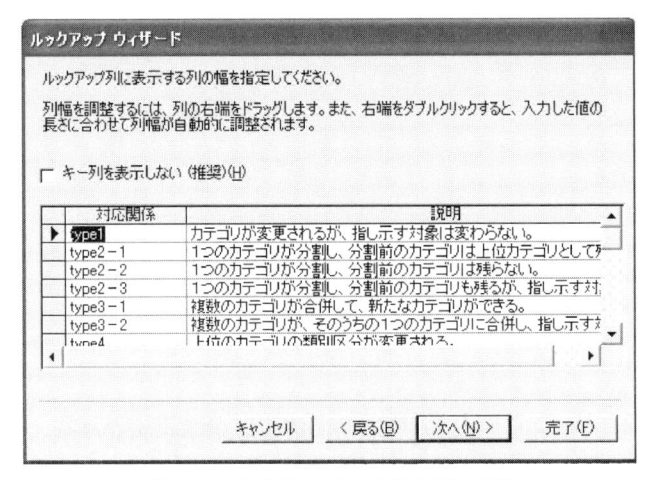

図 5.8 コンボボックスでの表示方法の指定

区分ID」と，「地域区分名」を選択します．第4画面では，先ほどと同じように「キー列を表示しない」のチェックボックスを外します．それは，同じカテゴリ名でコードが違う場合があるからです．第5画面では，実際にフィールドに入れるコードである「地域区分ID」を選択します．第6画面のラベルはそのままにして完了をクリックします．Officeアシスタントが保存してよいか聞いてきますので，[はい]を選択してください．

「④後時点」のデータ型を「数値型」に指定すると，フィールドプロパティの「既定値」に「0」が入ります．既定値とは，フィールドにデータを入力するときに，あらかじめ一定の値を入れておくものです．そのままでは，いちいち0を消してから時点を入力しなければなりませんので，0を消します．また，後時点は必ず入力しなくてはなりませんので，「**値要求**」のテキストボックスにカーソルを合わせ，ドロップダウンリストから「いいえ」を「はい」に変えます．こうすると，時点を入れ忘れたときにエラーメッセージが出ます（図5.9）．「⑤後時点ID」は，「③前時点ID」と同じように設定してください．

デザインビューでの設定が終わったら，上書き保存して，データシートビューで表5.3のデータを入力します．図5.5の関係を表にしたものです．ルックアップを指定したフィールドは，カーソルを合わせるとフィールドの右側に下向き矢印が表示されますので，それをクリックしてコンボボックスから選択してください．なお，地域区分IDを入力するときに，コンボボックスでは地域区分IDと地域区分名の両方が表示されますが，フィールドに表示されるのはキー列である地域区分IDです．

このテーブルもデータ辞書に入力します．入力するデータは次のとおりです．

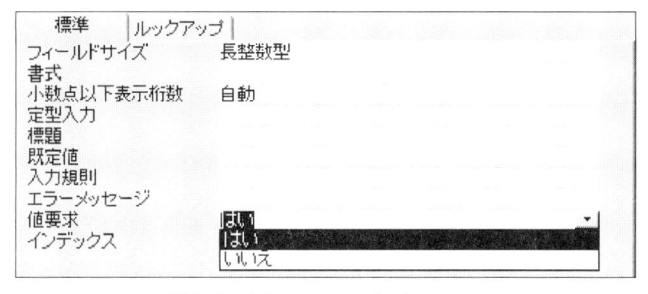

図5.9 時点のフィールドプロパティ

表 5.3 地域区分対応関係

対応関係	前時点 ID		後時点	後時点 ID	
type1	41201	佐賀市	1995	41100	佐賀市
type2−1			1995	41101	北区
type2−1			1995	41102	南区
type2−2	41101	北区	2000	41103	上区
type2−2	41101	北区	2000	41104	中央区
type2−3	41102	南区	2000	41102	南区
type2−3	41102	南区	2000	41105	東区
type1	41301	諸富町	2000	41208	諸富市
type3−1	41305	大和町	2000	41209	北部市
type3−1	41306	富士町	2000	41209	北部市
type3−2	41321	神埼町	2000	41321	神埼町
type3−2	41322	千代田町	2000	41321	神埼町
type4	41203	鳥栖市	2000	40203	鳥栖市

オブジェクト名： tbl 地域区分対応関係

時点： 1990 〜 2000 年

対象： tbl 地域区分

詳細： 佐賀県とその周辺の地域区分の推移の対応関係テーブル

分類属性： 地域区分

統計属性： 無し

　このテーブルを元に各時点における統計表の分類属性のカテゴリを変更するのですが，それらの本体を変更するのではなく，分類属性を引用している統計表テーブルに新たなフィールドをつくり，そこに変更後のカテゴリを代入する方法を採ります．つまり原データには触れず，仮のフィールドをつくるのです．実際の方法は次章で述べます．

・6・
統計表テーブルの作成と入力

　長い道程でしたが，ここまででようやく統計表を入力する準備ができました．ただし Excel のように，直ちにデータが入力できるわけではありません．リレーショナルモデルを使って操作するためには，データの入力に一定の方法が必要です．Excel に慣れている方には煩わしいかもしれませんが，その方法に従うことによって，どのような統計表でも，自在に検索・結合・編集を行うことができるようになります．

6.1　分類属性と統計属性

　統計表のテーブルの重要な点は，行類別形式であるということです．フィールド名には分類属性と統計属性のみを使い，元の統計表にあるように分類属性のカテゴリを使ってはいけません．また分類属性フィールドに入れるのはカテゴリの名称ではなくコードを用い，分類属性定義域テーブルをルックアップで参照します．これは，同じ分類属性定義域テーブルが複数の統計表で使われるためです．左側に分類属性，右側に統計属性を配しますが（図 6.1），それぞれの並びでとくに順番を意識することはありません．ただし時点別に作成した統計表テーブル

分類属性 1	分類属性 2	…	分類属性 m	統計属性 1	統計属性 2	…	統計属性 n

図 6.1　分類属性と統計属性のフィールドの配置

を縦に結合（和結合）するときには，分類属性・統計属性ともに同じ順番となっている必要があります．といっても Access では列の入れ替えが簡単に行えますので，和結合するときに修正すればよいでしょう．

ここからは，サンプルとして第1章の表1.3（p. 16）に示した平成12（2000）年国勢調査報告第2巻第9表を使って説明します．まず分類属性定義域テーブルをつくりましょう．「施設などの世帯の種類」は，表6.1のデータを入力します．

データベースウィンドウで［テーブル］をクリックしてから，［デザインビューでテーブルを作成する］をダブルクリックします．デザインビューで入力するフィールド名とデータ型などは次の通りです．

① 施設などの世帯の種類ID： テキスト型．主キー．IME 入力モードオフ．
② 施設などの世帯の種類名： テキスト型．

データシートビューにしてデータを入力し，名前を「tbl 施設などの世帯の種類」として上書き保存してください．データ辞書にも入力しましょう．

  オブジェクト名：　tbl 施設などの世帯の種類
  時点：　全時点
  対象：　（空白）
  詳細：　施設などの世帯の種類の分類属性定義域テーブル
  分類属性：　施設などの世帯の種類
  統計属性：　無し

次に「世帯人員」の分類属性定義域テーブルをつくります．入力するデータを表6.2に示します．

デザインビューで入力するフィールド名とデータ型などは次頁のとおりです．

表 6.1　施設などの世帯の種類の分類属性定義域テーブル

施設などの世帯の種類ID	施設などの世帯の種類名
01	寮・寄宿舎の学生・生徒
02	病院・療養所の入院者
03	社会施設の入所者
04	自衛隊営舎内居住者
05	矯正施設の入所者
06	その他

表 6.2 世帯人員の分類属性定義域テーブル

世帯人員 ID	世帯人員名
01	1〜4 人
02	5〜29 人
03	30〜49 人
04	50 人以上

① 世帯人員 ID： テキスト型．主キー．IME 入力モードオフ．
② 世帯人員名： テキスト型．

データシートビューにしてデータを入力し，名前を「tbl 世帯人員」として上書き保存してください．これもデータ辞書に入力しましょう．

　オブジェクト名： tbl 世帯人員
　時点： 全時点
　対象： （空白）
　詳細： 世帯人員の分類属性定義域テーブル
　分類属性： 世帯人員
　統計属性： 無し

それでは統計表テーブルをつくりますので，テーブルのデザインビューを表示してください．デザインビューで入力するフィールド名やデータ型などは次のとおりです．

① 時点： 数値型．主キー．
② 地域区分： ルックアップウィザード（tbl 地域区分）．主キー．
③ 施設などの世帯の種類： ルックアップウィザード（tbl 施設などの世帯の種類）．主キー．
④ 世帯人員： ルックアップウィザード（tbl 世帯人員）．主キー．
⑤ 世帯数： 数値型．
⑥ 世帯人員数： 数値型．

設定方法を順に述べます．時点は，前章で述べたように分類属性定義域テーブルをつくらずに，西暦で数値として入力します．4 桁しかありませんので，フィールドプロパティで，「フィールドサイズ」を短い「整数型」にします．なお，

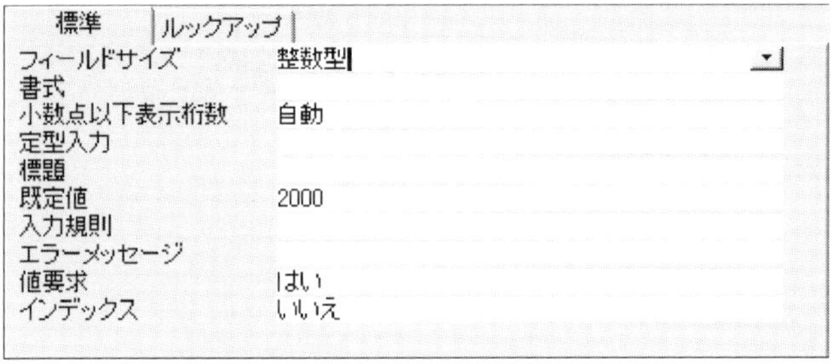

図 6.2 時点のフィールドプロパティ

　この統計表のように単一時点の場合は，すべてのレコードに同じ「2000」が入りますので，フィールドプロパティで「既定値」を「2000」にしておきます（図6.2）．そして主キーに指定します．

　②から④はルックアップウィザードを指定します．以前にも指定方法を述べましたが，ここでも簡単に説明します．第1画面では何もせずに［次へ］をクリックします．第2画面では，指定する分類属性定義域テーブルを選択して，［次へ］をクリックします．第3画面では，IDと分類属性名の2つを選択し，［次へ］をクリックします．第4画面では何もせずに［次へ］をクリックします．第5画面では，反転表示されたラベル名を確認して［完了］をクリックします．するとOfficeアシスタントが，テーブルを保存してよいか聞いてきます．［はい］をクリックし，1回目のルックアップウィザードのときだけ名前を入力します．名前は，第4章でサンプルとして入力した「tbl20000209」です．

　統計属性には集計された数値が入るので，数値型の長整数型あるいは倍精度浮動小数点型を用います．容量は大きくなりますが，現在のパーソナル・コンピュータでは問題ないでしょう．これらはテーブルウィンドウ下部のフィールドプロパティで指定します．統計属性の数値に「書式」で「標準」を指定すると，3桁ごとにカンマが入ります．なお，長整数型のときには「小数点以下表示桁数」を「0」とします．倍精度浮動小数点型のときには，「小数点以下表示桁数」を原データに沿って指定します．また数値の「既定値」は空白（Null）に変更します．これは該当するデータがなかった場合に，集計する際の母数から外すためです．

　主キーは分類属性のコードすべての組み合わせで定めますので，先頭のフィールドを選択した後，［CTRL］キーを押しながら各フィールドの行セレクタを順次

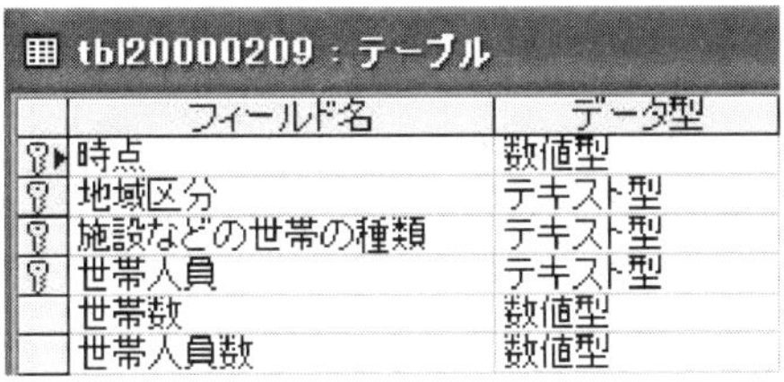

図 6.3 複数のフィールドの主キーの設定

クリックして反転表示にします．そしてツールバーの [主キー] ボタンをクリックすると，主キーが設定され，図 6.3 のように行セレクタにアイコンが表示されます．ここまでの設定が終わったら，上書き保存してウィンドウを閉じてください．

6.2 入力フォームとデータ入力

多重クロス集計表である双方向類別形式の統計表を行類別形式にすると，左側の分類属性のカテゴリが繰り返し現れることになります．しかしいくらルックアップを使っても毎回入力するのは面倒です．Excel ならばコピー機能を使って，いとも簡単に分類属性のカテゴリの部分をつくり上げられますが，Access ではそれはできません．それはデータがレコード単位でつくられるため，複数のレコード間で自由にはコピーできないからです．ならば Excel で統計表を作成して Access に取り込むのも 1 つの手段ですが，せっかく Access を使っているのですから，できるだけ簡単に Access で入力するようにしたいと思います．そこで統計表の入力は表形式のフォームを使うことにします．

分類属性の一番左側のフィールドのカテゴリが最も遅く変化し，右のフィールドに行くに従って早く変化して，一番右側のフィールドでは 1 レコードごとにカテゴリが変わるようにします．この形式で入力を容易にするためには，1 つ前のレコードの各分類属性のカテゴリを保持して，新しいレコードの各フィールドにあらかじめ代入します．そしてカテゴリが変わるときだけルックアップで入力します．一番右側の分類属性だけは，毎回ルックアップで入力します．そのためには統計表ごとにフォームをつくり，VBA をつくらなければなりませんが，実際

にはそれほどの手間ではありません．

　データベースウィンドウで［フォーム］をクリックし，［ウィザードを使用してフォームを作成する］をダブルクリックしてください．第1画面ではテーブル「tbl20000209」を選択し，すべてのフィールドを選択するため［≫］をクリックして，［次へ］をクリックします．第2画面では「表形式」のセレクトボタンをオンにします．第3画面では，何もせずに［次へ］をクリックします．第4画面では，フォームの名前を「form20000209」に変更し，「フォームのデザインを編集する」のセレクトボタンをオンにして［完了］をクリックします．フォームのデザインビューが表示されますのでフィールド名やテキストボックスをクリックして編集状態にし，幅や位置を適切な状態に変更してください．なお，この変更は，後でデータを入力している途中でもできます．

　フォームフッターにコマンドボタンを組み込みます．ツールバーの［ツールボックス］ボタンをクリックしてツールボックスを開き，［コマンドボタン］ボタンをクリックしてから，フォームフッターの中央でクリックします．コマンドボタンウィザードが起動しますが，これはキャンセルします．

　次にメニューバーの［表示］→［プロパティ］を順にクリックしてダイアログボックスを表示し，［すべて］のタブをクリックして，コマンドボタンの表示名「新しいレコード」を「標題」に入力します．さらに「名前」に「cmd新しいレコード」とVBAの名前を入力します．その後［イベント］タブをクリックして「クリック時」の右のテキストボックスをクリックし，ドロップダウンリストから「イベントプロシージャ」を選択します．テキストボックスの右側のイベント発生時のプロシージャをつくるボタンをクリックすると，Visual Basic Editorが起動します．先頭行と最終行が自動的に作成されているので，図6.4のコードを入力してから上書き保存し，Accessに戻ります．ツールボックスやプロパティを閉じ，ツールバーの［ビュー］ボタンをクリックしてフォームビューにして仕上がりを確認してから，もう一度上書き保存してフォームを閉じてください．

　このプロシージャの動作は，次のとおりです．レコードを1行入力してから［新しいレコード］ボタンをクリックすると，このプロシージャが起動します．はじめに，カテゴリを保存する文字列型変数を，必要な数だけ宣言します．次に，カーソルがどのレコードにあっても大丈夫なように，あらかじめ最終レコー

```
Private Sub cmd新しいレコード_Click()
'    分類属性のカテゴリを保持するプロシージャ
Dim fld1 As String    'カテゴリを保存する変数
Dim fld2 As String
    DoCmd.GoToRecord , , acLast '最終レコードに移動
    fld1 = Me!地域区分              '現在のレコードの値を保存
    fld2 = Me!施設などの世帯の種類
    DoCmd.GoToRecord , , acNext '新しいレコードに移動
    Me!地域区分 = fld1              '保存した値を代入
    Me!施設などの世帯の種類 = fld2
End Sub
```

図 6.4　分類属性のカテゴリを保持するプロシージャ

ドに移動します．そして，最終レコードのそれぞれのカテゴリの値を，テキストボックスから変数に代入します．その後，その次の新しいレコードに移動します．変数に保存した各カテゴリの値を，それぞれのテキストボックスに代入して，プロシージャが終了します．

　このフォームに関するデータも，データ辞書に入力しましょう．ただし，ほとんど同じデータをまた打ち込むのは面倒なのでコピーします．データベースウィンドウで［テーブル］をクリックし，「マスターテーブル」をダブルクリックしてください．マスターテーブルがデータシートビューで表示されます．2番目のレコードが，このフォームの元となるテーブルのデータですので，1番下の新しいレコードにフィールドを1つずつコピー＆ペーストします．操作方法はExcelと同じですが，Excelのように複数のフィールドをまとめてドラッグすることはできません．なお，オブジェクト名は「form20000209」とします．終わったら上書き保存して，テーブルを閉じます．

　次に分類属性と統計属性を入力します．まずデータ辞書入力フォームを表示させ，最後のレコードに移る移動ボタンをクリックします．そして次の分類属性と統計属性を入力してください．

　　分類属性：　時点，地域区分，施設などの世帯の種類，世帯人員
　　統計属性：　世帯数，世帯人員数

それでは表1.3のデータを入力しましょう．データ辞書検索フォームを開き，

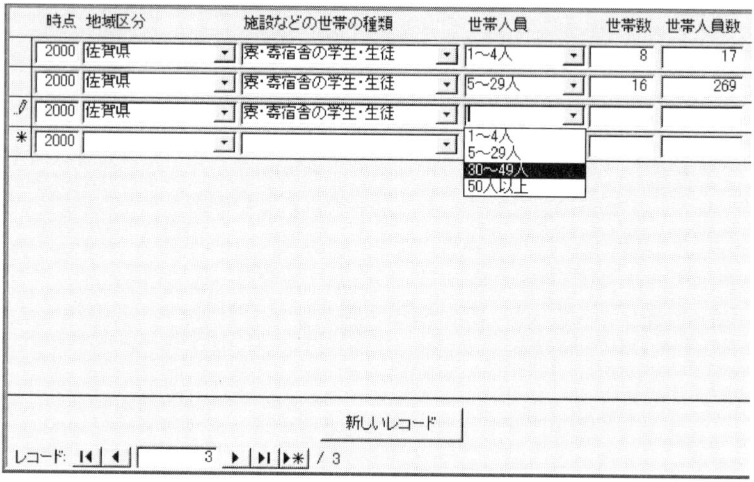

図 6.5 入力中の画面

分類属性のダイアログボックスに「施設」，統計属性のダイアログボックスに「世帯」と入力します．入力フォームが見つかったら，[開く]ボタンをクリックします．フォームが表示されます．入力中の画面を，図 6.5 に示します．

6.3 レポート印刷

Access でデータを印刷するときに使うのが，レポート・オブジェクトです．目的に即して，多彩な様式で印刷することができます．実際に業務で使う伝票や帳票などは，ウィザードで基本的なパターンをつくり，その後デザインビューで細かな設定をすることができます．しかし本書では，生成した統計表を Excel に移すのが目的ですから，凝った様式をつくる必要はありません．使用するのは，入力したデータや生成した統計表をチェックする場合が主です．そのため，レポートの操作方法は，最も単純な形式についてだけ述べます．

前節で入力した統計表を印刷します．データベースウィンドウで[レポート]をクリックし，[ウィザードを使用してレポートを作成する]をダブルクリックします．第 1 画面では，「テーブル/クエリ」の一覧から，テーブル「tbl20000209」を選択し，[>>]ボタンですべてのフィールドを選択して，[次

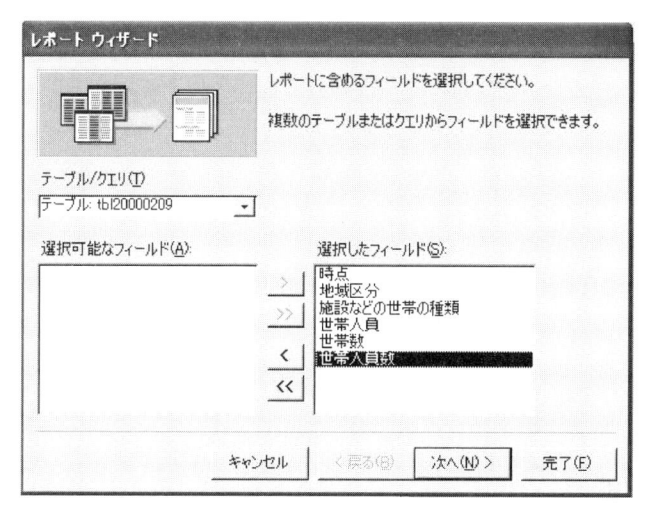

図 6.6 レポートウィザードの第 1 画面

へ］をクリックします（図 6.6）．第 2 画面のグループレベルは，何もせずに［次へ］をクリックします．第 3 画面の並べ替えも，何もせずに［次へ］をクリックします．第 4 画面の印刷形式では，レイアウトを「表形式」とします．フィールドの数が多すぎて，紙の幅が縦方向では不足するときは，「印刷の向き」で「横」のセレクトボタンをオンにします．「すべてのフィールドを 1 ページ内に収める」のチェックボックスがオンになっていることも確認して，［次へ］をクリックします．

第 5 画面のスタイルの選択では，「ゴシック体」が見やすいと思います．左側にサンプルが表示されますので，好みのものを選んでください．［次へ］をクリックすると最終画面が表示されます．名前を「rpt20000209」に変更し，「レポートをプレビューする」のセレクトボタンがオンになっていることを確認して，［完了］をクリックしてください．**プレビュー画面**がズームで表示されます．フィールドの幅は，デザインビューに切り換えると，フォームと同じ方法で変更することができます．印刷日時とページ番号は，初期設定で印刷するようになっています．

印刷の仕方は，Word や Excel とほぼ同じです．ツールバーの［印刷］ボタンをクリックするか，メニューバーの［ファイル］から指定します．［ファイル］

から指定するときには，Wordより簡略化されていますが，［ページ設定］や［印刷］から印刷方法の細かい指定ができます．上書き保存してウィンドウを閉じてください．

このレポートに関するデータも，データ辞書に入力しましょう．前節で述べたようにマスターテーブルでコピー＆ペーストし，オブジェクト名を「rpt20000209」とします．分類属性と統計属性も同じ方法で入力します．

6.4　時点別のカテゴリの統一

ここで，カテゴリ階層時点間対応テーブルを使って，時点別の統計表テーブルのカテゴリを統一する方法を述べましょう．前章で作成した地域区分の推移を基に，表6.3のa～cのデータをつくりました．実際の人口を，架空の地域区分に

表6.3　時点別地域区分別人口

a. tbl19900114

時点	地域区分		人口
1990	41201	佐賀市	169,963
1990	41203	鳥栖市	55,877
1990	41301	諸富町	12,529
1990	41305	大和町	20,222
1990	41306	富士町	5,979
1990	41321	神埼町	18,047
1990	41322	千代田町	12,270

b. tbl19950114

時点	地域区分		人口
1995	41100	佐賀市	171,231
1995	41101	北区	102,739
1995	41102	南区	68,492
1995	41203	鳥栖市	57,414
1995	41301	諸富町	12,482
1995	41305	大和町	21,507
1995	41306	富士町	5,734
1995	41321	神埼町	19,231
1995	41322	千代田町	11,883

c. tbl20000114

時点	地域区分		人口
2000	40203	鳥栖市	60,726
2000	41100	佐賀市	167,955
2000	41102	南区	36,950
2000	41103	上区	58,784
2000	41104	中央区	41,989
2000	41105	東区	30,232
2000	41208	諸富市	12,086
2000	41209	北部市	27,072
2000	41321	神埼町	31,755

合わせて加工したものです．人口規模が市制に比べて現実離れしていますが，あくまで練習用のデータですのでご了承ください．名前は，a～cの各表に記したものを付けます．いずれも，各時点の国勢調査報告の第1巻第14表の一部です．

まず，各テーブルをデザインビューで設定します．入力するフィールド名やデータ型などは，各表共通で次の通りです．

① 時点： 数値型．整数型．主キー．
② 地域区分： ルックアップウィザード (tbl 地域区分)．主キー．
③ 新地域区分： ルックアップウィザード (tbl 地域区分)．
④ 人口： 数値型．

設定方法は，本章第1節を参照してください．時点は，フィールドプロパティで「既定値」にそれぞれの時点を西暦の数値で入れます．地域区分は，ルックアップウィザードで，「tbl 地域区分」を指定します．なお，同じ名称で異なるコードが付いているカテゴリがありますから，第4画面で「キー列を表示しない」のチェックボックスを外して，コンボボックスでコードと名称の両方が表示されるようにします．新地域区分は，統一後のカテゴリを入れるフィールドです．このフィールドはVBAで代入しますので，データは入力しません．地域区分と同じように，ルックアップウィザードを指定してください．設定が終わったら，それぞれのテーブルのデータをデータ辞書に入力します．

なお，「tbl20000114」は第4章でサンプルデータとしてデータ辞書入力フォームに入力しました．ここではかなり簡略化していますので，データ辞書入力フォームで修正してください．1番目のレコードです．**サブフォームの属性の名称を消去**するには，テキストボックスの左端の行セレクタをクリックし，[DEL]キーを押します．「フィールドの連鎖更新」と「レコードの連鎖削除」を設定していますので，関連するレコードも自動的に修正されます．

　　オブジェクト名： （各テーブル名）
　　時点： （各テーブルの時点；西暦）
　　対象： 佐賀県とその周辺の一部
　　詳細： 平成○○年国勢調査報告第1巻第14表の一部，市町村別人口
　　（注）1990年→平成2年，1995年→平成7年，2000年→平成12年

分類属性：　時点，地域区分

　統計属性：　人口

　各テーブルに表6.3のデータを，データシートビューで入力してください．地域区分には，コンボボックスからカテゴリのコードが入ります．確認のためカテゴリの**名称を表示**したいときは，デザインビューに切り換えて「地域区分」のフィールドにカーソルを合わせ，フィールドプロパティの［ルックアップ］のタブをクリックします．そして「列幅」の「2.54 cm;2.54 cm」を「0 cm;2.54 cm」に変えます（図6.7）．上書き保存してデータシートビューに切り換えると，カテゴリの名称が表示されています．元に戻すときは，逆の操作をしてください．

　カテゴリの統一はVBAで行い，そのプロシージャは，対象となるテーブル名を入れるテキストボックスと，実行するためのコマンドボタンだけからなるフォームに関係付けて作成します．データベースウィンドウで［フォーム］をクリックし，［デザインビューでフォームを作成する］をダブルクリックしてください．ここでフォームの形状を設定します．左上隅の黒い四角を右クリックして，メニューの中から［プロパティ］をクリックします．フォームのプロパティのダイアログボックスが表示されますので，［書式］のタブをクリックしてください．まず「スクロールバー」のテキストボックスをクリックして，ドロップダウンリストから「なし」を選択してください．次に「レコードセレクタ」のテキストボックスをクリックして，ドロップダウンリストから「いいえ」を選択してください．そして「移動ボタン」のテキストボックスをクリックして，ドロップダウンリストから「いいえ」を選択してください．最後に「区切り線」のテキストボッ

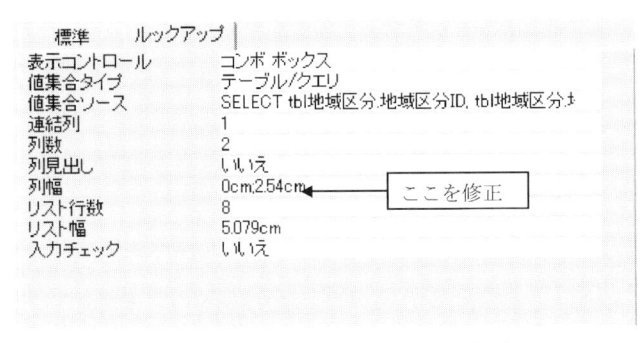

図6.7　列幅を修正し表示をコードから名称に変更

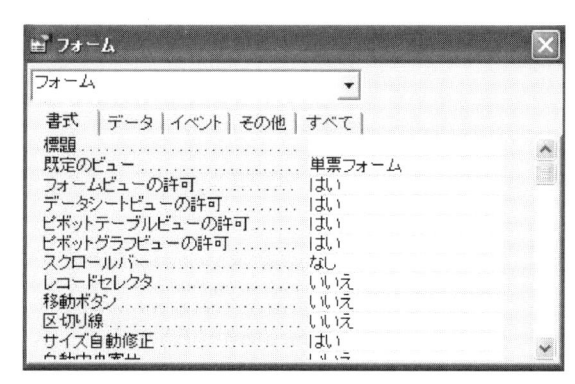

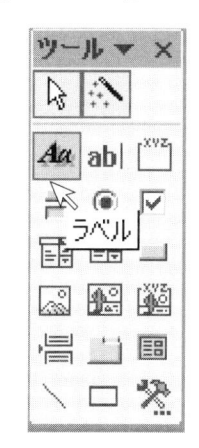

図 6.8　フォームのプロパティ　　　　図 6.9　［ラベル］ボタン

クスをクリックして，ドロップダウンリストから「いいえ」を選択してください（図 6.8）．これで何もないフォームができました．

　ツールバーの［ツールボックス］ボタンをクリックして，ツールボックスを表示させてください．その中の［**ラベル**］**ボタン**（図 6.9）をクリックしてから，フォームの上部中央をドラッグし，ラベルを入れる領域を適当な大きさでつくります．そしてその中に「地域区分を時系列で統一する」とラベルを入力してください．入力後，ラベルの領域と位置を適切に調整します．

　次にツールボックスの中の［**テキストボックス**］**ボタン**（図 6.10）をクリックして，フォーム中央のやや右へドラッグします．テキストボックスウィザードが起動しますが，これはキャンセルします．テキストボックスの左側にラベルを入れる領域がつくられていますので，クリックして編集可能な状態にしてから「テーブル名」と入力してください．そしてテキストボックスを右クリックしてメニューを表示させ，［プロパティ］をクリックします．ダイアログボックスが表示されたら［その他］のタブをクリックして，「名前」を「テーブル名」に変更して閉じてください（図 6.11）．

　最後にコマンドボタンをつくります．第 4 章第 4 節と同じです．ツールボックスの［コマンドボタン］ボタンをクリックし，フォームの中央下部に組み込んでください．コマンドボタンウィザードが起動しますが，これはキャンセルします．そしてコマンドボタンを右クリックしてメニューを表示させ，［プロパティ］

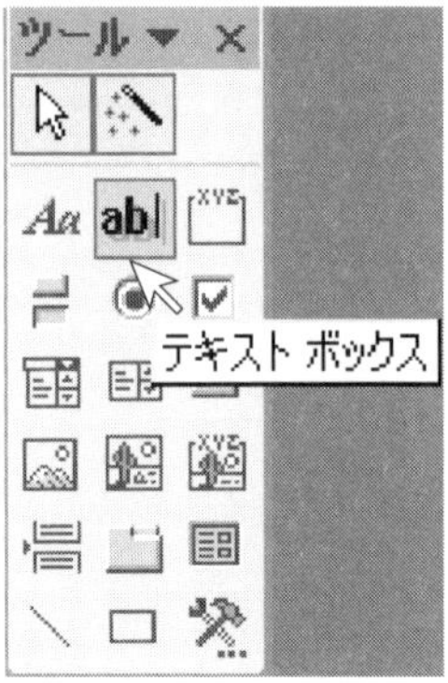

図 6.10 ［テキストボックス］ボタン

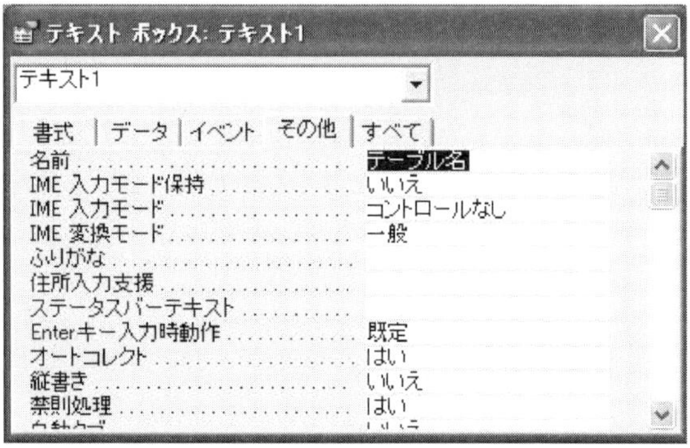

図 6.11 テキストボックスのプロパティ

をクリックします．ダイアログボックスが表示されたら［すべて］のタブをクリックし，「標題」のテキストボックスにコマンドボタンの表示名「実行」を入力します．さらに「名前」のテキストボックスに「cmd実行」と，プロシージャの名前を入力します．その後［イベント］タブをクリックして「クリック時」のテキストボックスをクリックし，ドロップダウンリストから「イベントプロシージャ」を選択します．テキストボックスの右側のイベントプロシージャをつくるボタンをクリックすると Visual Basic Editor が起動します．まだフォームを保存していないので，ツールバーの［上書き保存］ボタンをクリックし，「地域区分統一フォーム」と名前を付けて保存してください．そして Visual Basic Editor をいったん閉じます．フォームをフォームビューにすると，図 6.12 のようにフォームが完成します．

それではプロシージャのコードを入力します．メニューバーから［ツール］→［マクロ］→［Visual Basic Editor］を順にクリックしてください．すると画面左

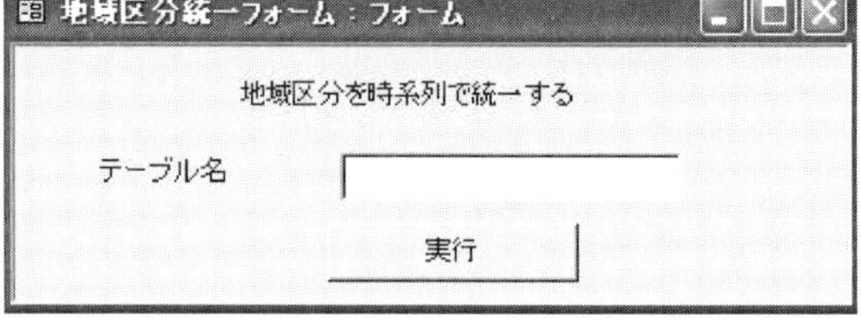

図 6.12 地域区分統一フォーム

上のプロジェクトエクスプローラにフォームの一覧表が表示されますので，「Form_地域区分統一フォーム」をダブルクリックしてください．先頭行と最終行が書き込まれた画面が表示されます．図 6.13 のコードを入力してください．いままでで一番複雑なコードです．

```
Private Sub cmd実行_Click()
'地域区分を現在のものに統一するプロシージャ
    Dim cn As ADODB.Connection    '現在のデータベースに接続するADOの変数
    Dim rs1 As ADODB.Recordset    '対象となるテーブルに接続するADOの変数
    Dim rs2 As ADODB.Recordset    'tbl地域区分対応関係に接続するADOの変数
    Dim str As String             '対象となるテーブル名を入れる変数

    Set cn = CurrentProject.Connection    '現在のデータベースに接続
    Set rs1 = New ADODB.Recordset         '対象となるテーブルの接続準備
    str = Me!テーブル名                    'テキストボックスからテーブル名を代入
                                          '対象となるテーブルを開く
    rs1.Open str, cn, adOpenDynamic, adLockOptimistic
    Set rs2 = New ADODB.Recordset         'tbl地域区分対応関係への接続準備
    rs2.CursorLocation = adUseClient      'レコードを並べ替えられるようにする
    rs2.Open "tbl地域区分対応関係", cn, adOpenDynamic, _
        adLockReadOnly                    'tbl地域区分対応関係を開く
    rs2.Sort = "後時点 ASC"                'レコードを変更後の時点で昇順に並べ替え

    Do Until rs1.EOF      '地域区分のコードを新地域区分へコピー
        rs1!新地域区分 = rs1!地域区分     '代入
        rs1.Update          'レコードを更新
        rs1.MoveNext        '次のレコードへ移動
    Loop

    rs2.MoveFirst          'tbl地域区分対応関係の最初のレコードに移動

    Do Until rs2.EOF       '最後のレコードまで繰り返す
        rs1.MoveFirst      '対象となるテーブルの最初のレコードに移動
```

図 6.13　分類属性のカテゴリを時点間で統一するプロシージャの例

```
            Do Until rs1.EOF        '最後のレコードまで繰り返す
                                    'タイプに応じて新地域区分を変更する
                If (rs1!新地域区分 Like rs2!前時点 ID) _
                    And (rs1!時点 ＜ rs2!後時点) Then
                    If (rs2!対応関係 Like "type1") Or _
                        (rs2!対応関係 Like "type3－1") Or _
                        (rs2!対応関係 Like "type3－2") Or _
                        (rs2!対応関係 Like "type4") Then
                        rs1!新地域区分 ＝ rs2!後時点 ID
                        rs1.Update
                    ElseIf (rs2!対応関係 Like "type2－2") Or _
                        (rs2!対応関係 Like "type2－3") Then
                        rs1!新地域区分 ＝ Null
                        rs1.Update
                    End If
                End If

                rs1.MoveNext      '次のレコードへ移動
            Loop

            rs2.MoveNext      '次のレコードへ移動
        Loop

        'テーブルやデータベースとの接続を終了
    rs1.Close
    Set rs1 = Nothing
    rs2.Close
    Set rs2 = Nothing
    cn.Close
    Set cn = Nothing
        '終了のメッセージを表示
    MsgBox ("変更が終了しました")

End Sub
```

図 6.13 分類属性のカテゴリを時点間で統一するプロシージャの例(続き)

このプロシージャを見ながら話を進めます．はじめに，必要な各変数を宣言します．そして現在のデータベースに接続し，フォームのテキストボックスから，対象となるテーブルの名前を取り出して開きます．次に「tbl 地域区分対応関係」を，並べ替えの操作ができるように指定して開きます．ここで，このテーブルのレコードを，変更後の時点で昇順に並べ替え（ソート）します．これは，古い変更から新しい変更の順に処理しないと正しい結果が得られないためです．その後，いったん地域区分のコードを新地域区分のフィールドにコピーします．元データである地域区分のコードをいじらないためです．

ここから処理のループに入ります．「tbl 地域区分対応関係」から 1 レコード取り出すごとに，対象となるテーブルの全レコードの新地域区分について，チェックと置換を行います．type1，type3 - 1，type3 - 2，type4 では，新地域区分を後時点 ID に置き換えます．type2 - 2，type2 - 3 では Null を入れます．それ以外の type では何もしません．ループが終わったら，テーブルやデータベースとの接続を終了し，「変更が終了しました」というメッセージを表示します．[OK] をクリックするとプロシージャが終了します．

コードの入力が終わったら「地域区分統一フォーム」を表示させ，「tbl19900114」，「tbl19950114」，「tbl20000114」のそれぞれについてテーブル名を入力し，[実行] をクリックしてください．正常に終了したら，それぞれのテーブルをデータシートビューで見て，新地域区分に正しいコードが入ったか確認してください．このプロシージャは，他の分類属性の統一についても使えます．コピーしてから，「地域区分」の文字を該当する分類属性の文字に置換するだけです．ここで，いったん Access を終了してください．

6.5 Excel のデータのインポート

電子メディアで配布される統計データは Excel 形式のファイルである場合が多くなっています．また最近では，印刷された統計表を，スキャナと OCR ソフトを使って Excel に入力することもできます．しかしそれらは双方向類別形式になっている場合が多いため，あらかじめ Excel 上で行類別形式に加工してから Access に取り込む必要があります．分類属性のカテゴリはコードにしておきま

す．ここでは加工した Excel のシートを Access のデータベースに取り込む方法を述べます．

ここで，平成 12（2000）年の工業統計表市区町村編の佐賀市の統計表を Excel に入力して Access に取り込みます．一部省略した統計表を表 6.4 に示します．この表は行類別形式になっています．なお，該当する事業所数が 2 以下のときは，事業所が特定できないように Null が入っています．

まず産業中分類を，分類属性定義域テーブルに切り分けます．すでに産業分類のテーブルが Access の中にありますので，それに追加します．表 6.4 では，佐賀市に存在しないカテゴリが省略されていますので，それも加えます．また，産業分類は階層化されていますので，コードを付け替え，親コードも入れます．Excel を起動して入力してください．コードは，数値ではなく文字列ですので，先頭にクォーテーション「'」を付けてください．入力する表を表 6.5 に示します．

次に統計表本体を入力します．この統計表は，次章で横に結合するときのサンプルに使いますので 2 つに分けます．入力する左半分の統計表を表 6.6 に，右半

表 6.4 平成 12（2000）年工業統計表市区町村編佐賀市（一部省略）

産業中分類		事業所数	従業者数	現金給与総額	原材料使用額等	製造品出荷額等	粗付加価値額
12	食料品製造業	69	2,597	691,144	2,332,403	4,311,942	1,889,702
13	飲料・たばこ・飼料製造業	3	37	13,529	41,220	85,012	40,710
15	衣服・その他の繊維製品製造業	12	140	29,833	50,201	87,536	36,134
16	木材・木製品製造業(家具を除く)	5	45	8,559	23,737	32,676	8,626
17	家具・装備品製造業	15	88	21,001	39,763	75,523	34,891
18	パルプ・紙・紙加工品製造業	8	280	121,432	288,584	524,186	231,403
19	出版・印刷・同関連産業	41	1,076	496,135	590,572	1,399,013	778,135
20	化学工業	4	113	62,144	156,277	317,943	156,684
21	石油製品・石炭製品製造業	1					
22	プラスチック製品製造業(別掲を除く)	6	151	40,417	91,745	166,367	72,199
24	なめし革・同製品・毛皮製造業	2					
25	窯業・土石製品製造業	7	153	53,757	74,271	173,597	95,860
26	鉄鋼業	6	69	22,241	39,644	84,036	43,376
28	金属製品製造業	34	751	337,151	689,535	1,514,978	790,056
29	一般機械器具製造業	30	867	331,457	1,189,579	1,672,617	474,092
30	電気機械器具製造業	19	1,262	653,898	1,414,984	2,568,708	1,117,442
31	輸送用機械器具製造業	3	50	9,936	74,380	113,527	39,127
32	精密機械器具製造業	2					
34	その他の製造業	20	146	46,982	69,784	153,854	80,984

表 6.5 産業中分類（製造業）の分類属性定義域テーブル

産業分類ID	産業分類名	産業分類親ID
020301	食料品製造業	0203
020302	飲料・たばこ・飼料製造業	0203
020303	繊維工業(衣服，その他の繊維製品を除く)	0203
020304	衣服・その他の繊維製品製造業	0203
020305	木材・木製品製造業(家具を除く)	0203
020306	家具・装備品製造業	0203
020307	パルプ・紙・紙加工品製造業	0203
020308	出版・印刷・同関連産業	0203
020309	化学工業	0203
020310	石油製品・石炭製品製造業	0203
020311	プラスチック製品製造業(別掲を除く)	0203
020312	ゴム製品製造業	0203
020313	なめし革・同製品・毛皮製造業	0203
020314	窯業・土石製品製造業	0203
020315	鉄鋼業	0203
020316	非鉄金属製造業	0203
020317	金属製品製造業	0203
020318	一般機械器具製造業	0203
020319	電気機械器具製造業	0203
020320	輸送用機械器具製造業	0203
020321	精密機械器具製造業	0203
020322	武器製造業	0203
020323	その他の製造業	0203

分の統計表を表6.7に示します．左半分から入力しましょう．まず左端に時点を入れます．数値で2000と入力し，後でコピーします．次にその右に地域区分を入れます．佐賀市のコードは41201ですので，入力してからこれも後でコピーします．産業分類コードをその右にコピーします．データがないからといって，カテゴリを省略しないでください．そのわけは次章で述べます．最後にデータ本体を入力します．続いて右半分の統計表を入力してください．

シート上のテーブル（Excelではリストと呼ばれています）をAccessに取り込むには，あらかじめシート上の取り込むリストに名前をつけておく必要があります．もちろんフィールド名も含みます．まず，分類属性定義域テーブルに名前を付けます．リストをドラッグして，メニューバーから［挿入］→［名前］→［定義］を順にクリックしてください．「名前の定義」のダイアログボックスが現れますので，「tbl産業中分類」と名前を付けてください．同様に，統計表の左半

表 6.6 統計表の左半分 tbl2000man_a

時点	地域区分	産業分類	事業所数	従業者数	現金給与総額
2000	41201	020301	69	2,597	691,144
2000	41201	020302	3	37	13,529
2000	41201	020303	0	0	0
2000	41201	020304	12	140	29,833
2000	41201	020305	5	45	8,559
2000	41201	020306	15	88	21,001
2000	41201	020307	8	280	121,432
2000	41201	020308	41	1,076	496,135
2000	41201	020309	4	113	62,144
2000	41201	020310	1		
2000	41201	020311	6	151	40,417
2000	41201	020312	0	0	0
2000	41201	020313	2		
2000	41201	020314	7	153	53,757
2000	41201	020315	6	69	22,241
2000	41201	020316	0	0	0
2000	41201	020317	34	751	337,151
2000	41201	020318	30	867	331,457
2000	41201	020319	19	1,262	653,898
2000	41201	020320	3	50	9,936
2000	41201	020321	2		
2000	41201	020322	0	0	0
2000	41201	020323	20	146	46,982

分に「tbl2000man_a」，右半分に「tbl2000man_b」と名前を付けてください．その後，ファイルに「工業統計表」と名前を付けて適切なフォルダに保存し，Excel を終了します．

取り込み先のファイル「統計.mdb」をダブルクリックして，Access を起動してください．メニューバーから［ファイル］→［外部データの取り込み］→［インポート］を順にクリックします．すると「インポート」ダイアログボックスが表示されます．「ファイルの種類」のテキストボックスのドロップダウンリストから Excel を選択し，シートの入っている Excel のファイルのフォルダとファイル名「工業統計表」を選択します（図 6.14）．そして［**インポート**］**ボタン**をクリックして**インポートウィザード**を起動します．先ほどテーブルに名前をつけておきましたので，「名前のついた範囲」のセレクトボタンをオンにすると名前の一覧が表示されます．ここでは「tbl 産業中分類」をクリックし［次へ］をクリ

表 6.7 統計表の右半分 tbl2000man_b

時点	地域区分	産業分類	原材料使用額等	製造品出荷額等	粗付加価値額
2000	41201	020301	2,332,403	4,311,942	1,889,702
2000	41201	020302	41,220	85,012	40,710
2000	41201	020303	0	0	0
2000	41201	020304	50,201	87,536	36,134
2000	41201	020305	23,737	32,676	8,626
2000	41201	020306	39,763	75,523	34,891
2000	41201	020307	288,584	524,186	231,403
2000	41201	020308	590,572	1,399,013	778,135
2000	41201	020309	156,277	317,943	156,684
2000	41201	020310			
2000	41201	020311	91,745	166,367	72,199
2000	41201	020312	0	0	0
2000	41201	020313			
2000	41201	020314	74,271	173,597	95,860
2000	41201	020315	39,644	84,036	43,376
2000	41201	020316	0	0	0
2000	41201	020317	689,535	1,514,978	790,056
2000	41201	020318	1,189,579	1,672,617	474,092
2000	41201	020319	1,414,984	2,568,708	1,117,442
2000	41201	020320	74,380	113,527	39,127
2000	41201	020321			
2000	41201	020322	0	0	0
2000	41201	020323	69,784	153,854	80,984

図 6.14 インポートのダイアログボックス

ックします（図 6.15）．

Excel の簡易データベースと同様に Access でも範囲の先頭行がフィールド名として登録されますので，「先頭行をフィールド名として使う」チェックボックスをオンにして［次へ］をクリックします．次のウィンドウでは新規テーブルか，既存のテーブルに追加するかを聞いてきます．ここでは「tbl 産業分類」に追加しますので，「次のテーブルに保存する」のセレクトボタンをオンにしてこのテーブル名を指定します（図 6.16）．最終画面が表示されますので，完了をクリックします．Office アシスタントが完了のメッセージを表示しますので［OK］をクリックします．これでデータが追加されました．「tbl 産業分類」を開いて，

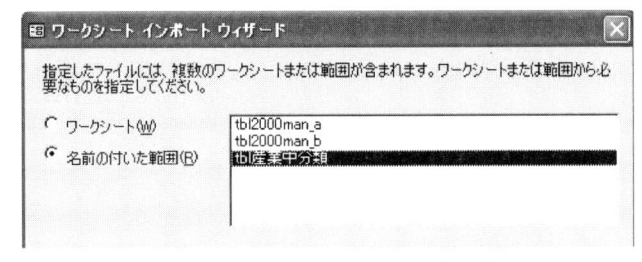

図 6.15 インポートウィザードの第 1 画面

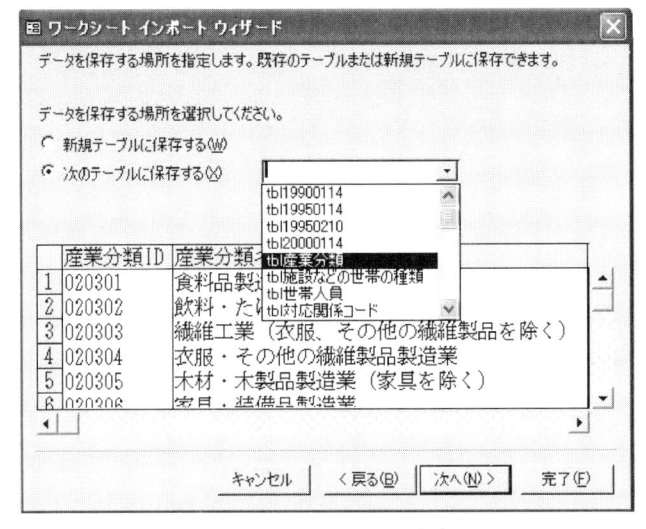

図 6.16 保存する場所の指定

データシートビューで確認してください．

同じようにして，統計表本体を取り込みます．まず左半分から行いましょう．インポートウィザードを起動させて，「tbl2000man_a」を指定し，テーブルの追加方法では，「新規テーブルに保存する」のセレクトボタンをオンにして［次へ］をクリックしてください．次の画面は，フィールドにオプションを指定する画面ですが，何もせずに［次へ］をクリックします．その次の画面で主キーの指定を聞いてきます．先に述べたように行類別形式では複数の分類属性によってレコードを特定しますので，ここでは主キーを指定しません．「主キーを設定しない」のセレクトボタンをオンにしてください（図 6.17）．インポート後にデザインビューで開いて，分類属性の ID をルックアップウィザードで関連付けてから，すべての ID を主キーに指定します．［次へ］をクリックすると最終画面が表示されます．範囲に付けた名前がそのまま表示されていますので，［完了］をクリックします．Office アシスタントがメッセージを表示しますので，［OK］をクリックしてください．

その後データ辞書入力フォームに，次のように入力します．

  オブジェクト名： tbl2000man_a

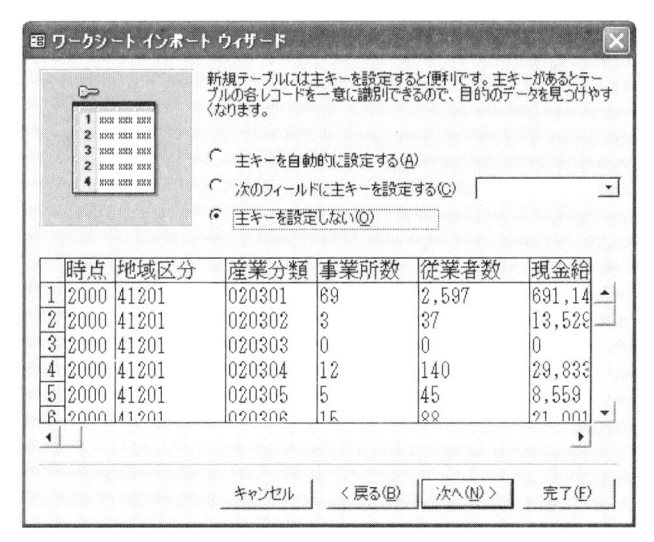

図 6.17 主キーの設定

時点： 2000 年

対象： 佐賀市

詳細： 平成 12 年工業統計表市区町村編，市区町村別産業中分類別事業所数，従業者数（人），現金給与総額（万円）

分類属性： 時点，地域区分，産業分類

統計属性： 事業所数，従業者数，現金給与総額

そして，データ辞書検索フォームでテーブルを開き，デザインビューにして分類属性を次のように設定します．

① 時点： 数値型．整数型．主キー．
② 地域区分： ルックアップウィザード（tbl 地域区分）．主キー．
③ 産業分類： ルックアップウィザード（tbl 産業分類）．主キー．

統計属性は，数値型，長整数型，「書式」は「標準」，「小数点以下表示桁数」は「0」と指定します．なお，時点を整数型にすると Office アシスタントが「一部のデータが失われるかもしれない」とメッセージを表示しますが，無視してください．データシートビューにして，内容を確認してください．

同じようにして，統計表の右半分「tbl2000man_b」をインポートしてください．デザインビューの設定は，上記を参照してください．そしてデータシートビューで，内容を確認してください．なお，データ辞書入力フォームには，次のよう入力します．

オブジェクト名： tbl2000man_b

時点： 2000 年

対象： 佐賀市

詳細： 平成 12 年工業統計表市区町村編，市区町村別産業中分類別原材料使用額等（万円），製造品出荷額等（万円），粗付加価値額（万円）

分類属性： 時点，地域区分，産業分類

統計属性： 原材料使用額等，製造品出荷額等，粗付加価値額

これで Excel からのインポートが終了しました．

·7·
クエリによる統計表の生成

いよいよ最後です．前章までの操作によってデータベースには行類別形式の複数の統計表テーブルが入力され，データ辞書に登録されています．それらの統計表から統計解析の目的となるテーブルを，クエリを使って生成し，Excel に移す方法を述べます．なお，この章では多数のクエリをつくりますが，それらはすべてデータ辞書に入力します．最初の1例だけを記しますので，それ以降は，自分で入力する内容を考えてください．

7.1 和　　結　　合

はじめに時点別や地域別，組織別などで入力した統計表テーブルやクエリを，縦に結合するための和結合の方法を示します．Access では**ユニオンクエリ**と呼んでいます．和結合するテーブルの間で，各々のフィールドの並びは一致していなければなりません．もし時点間で集計方法が異なっているときは，フィールドを入れ替えるか，またはダミーのフィールドを追加するなどの方法であらかじめ揃えておく必要があります．さらに，和結合ではそれぞれのテーブルやクエリについて，単にフィールドの数とデータ型しかチェックされません．フィールド名は最初のテーブルあるいはクエリのものだけが用いられ，フィールド名が違っていてもエラーとはならないので注意が必要です．

テーブルやクエリどうしを和結合するには，SQL 文で **UNION** 操作を行います．QBE ではできません．

[書式] TABLE　テーブル名1　または　クエリ名1
UNION
TABLE　テーブル名2　または　クエリ名2
UNION
TABLE　…　；

と記します．結合するテーブルやクエリはいくつでもかまいません．ここで第6章第4節で作成した，時点別の統計表テーブルを和結合してみましょう．データベースウィンドウで［クエリ］をクリックし，［デザインビューでクエリを作成する］をダブルクリックします．「テーブルの表示」ダイアログボックスが表示されますが，ここでは［閉じる］をクリックします．そしてクエリウィンドウのタイトルバーを右クリックして［SQL］→［ユニオン］を順にクリックします．「ユニオンクエリ」の画面が表示されますので，次のSQL文を入力してください．

　　TABLE　tbl19900114
　　UNION
　　TABLE　tbl19950114
　　UNION
　　TABLE　tbl20000114;

［実行］ボタンをクリックすると，3時点のテーブルが結合されてデータシートビューで表示されます．正しく結合されていることを確認したら，名前を「qryunion0114a」として保存して閉じてください．

データ辞書にも入力します．

　　オブジェクト名：　qryunion0114a
　　時点：　1990～2000年
　　対象：　佐賀県とその周辺の一部
　　詳細：　国勢調査報告第1巻第14表の一部のユニオンクエリ
　　分類属性：　時点，地域区分
　　統計属性：　人口

ところで，このクエリでは地域区分がコードで表示され，不要な旧の地域区分も表示されています．そこで，選択クエリをつくって旧の地域区分を外し，新地域区分が名称で表示されるようにします．データベースウィンドウで［クエリ］

をクリックし，[デザインビューでクエリを作成する]をダブルクリックしてください．「テーブルの表示」ダイアログボックスが現れますので，[クエリ]のタブをクリックして「qryunion0114a」を追加し，さらに[テーブル]のタブをクリックして「tbl地域区分」を追加して，ダイアログボックスを閉じてください．そして，「tbl地域区分」のフィールドリストから「地域区分ID」を，「qryunion0114a」のフィールドリストの「新地域区分」にドラッグ＆ドロップしてください（図7.1）．

次に，表示されるフィールドを指定します．「qryunion0114a」のフィールドリストから，「時点」，「新地域区分」を，ウィンドウ下部のデザイングリッドの「フィールド」行に，左から順にドラッグ＆ドロップします．そして「tbl地域区分」のフィールドリストから「地域区分名」を，その右にドラッグ＆ドロップします．最後に「qryunion0114a」のフィールドリストから，「人口」をその右にドラッグ＆ドロップします．レコードを「時点」と「新地域区分」の順で並べますので，それぞれの「並べ替え」行に，ドロップダウンリストから「昇順」を指定します．地域区分のコードは表示しませんので，「表示」行の「新地域区分」のチェックボックスをオフにします（図7.2）．

ツールバーの[実行]ボタンをクリックすると，結果がデザインビューで表示されます．名前を「qryunion0114b」として保存して，閉じてください．データ

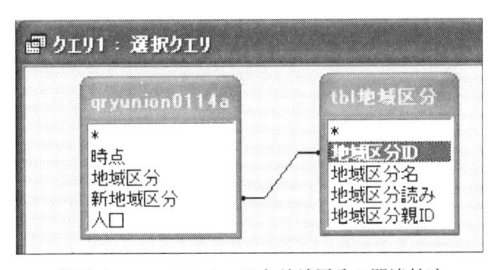

図 7.1 ユニオンクエリと地域区分の関連付け

フィールド:	時点	新地域区分	地域区分名	人口
テーブル:	qryunion0114a	qryunion0114a	tbl地域区分	qryunion0114a
並べ替え:	昇順	昇順		
表示:	☑	☐	☑	☑
抽出条件:				
または:				

図 7.2 選択クエリのデザイングリッド

辞書にも入力します．まずマスターテーブルで，オブジェクト名だけを変えてコピーします．そして，データ辞書入力フォームで分類属性と統計属性を入力してください．

7.2 内 部 結 合

次にテーブルやクエリを横に結合する方法を述べます．実は今までもルックアップによってテーブルの結合を行っていたのですが，統計表の場合は主キーが複数の分類属性によって定められているので，やり方が少し異なります．ここで結合するテーブルは，前章で Excel からインポートした「tbl2000man_a」と「tbl2000man_b」にします．

データベースウィンドウの［クエリ］をクリックして，［デザインビューでクエリを作成する］をダブルクリックします．「テーブルの表示」ダイアログボックスから結合するテーブルである「tbl2000man_a」と「tbl2000man_b」を追加します．結合するテーブルやクエリどうしには，同じ分類属性が存在しなくてはなりません．なぜならそれらは1対1のリレーションシップで結合するため，複数の主キー間すべてに結合線を引かなければならないからです．図7.3のように，それぞれのフィールドリストから「時点」，「地域区分」，「産業分類」をドラッグ＆ドロップして結合線を引いてください．向きは，どちらからでもかまいません．これは内部結合（INNER JOIN）と呼ぶ操作です．そしてデザイングリッドの「フィールド」行に，「tbl2000man_a」のフィールドリストから分類属性であ

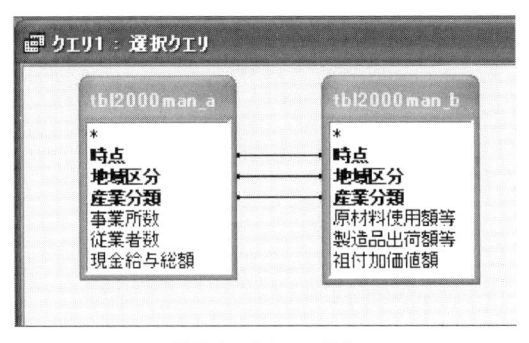

図 7.3 主キーの結合

る「時点」,「地域区分」,「産業分類」を,左から順にドラッグ&ドロップしてください.さらに,双方のフィールドリストから各統計属性のフィールドを順にドラッグ&ドロップしてください.

ツールバーの［実行］ボタンをクリックすると,結合した結果がデータシートビューで表示されます.名前を「qry2000manufact」として保存して閉じてください.データ辞書にも,元のテーブルのデータに沿って入力してください.

なお,内部結合ではそれぞれのキー,すなわち分類属性のカテゴリの組み合わせがまったく同じレコードだけが結合されます.つまり,結合するテーブルやクエリどうしで,カテゴリの組み合わせの少ないほうのレコードに対応するレコードしか表示されません.もしカテゴリの組み合わせの多いほう,あるいは双方のカテゴリの組み合わせの和集合に合わせて全レコードを表示したい場合は,片方,または双方のテーブルに,不足しているカテゴリを追加して,該当するレコードの統計属性の値に0かNullを入力しておく必要があります.強引に外部結合で全レコードを結合させようとするとエラーになります.

7.3 クロス集計クエリ

最後に行類別形式で作成した統計表テーブルを,表頭もカテゴリで表す双方向類別形式に変換する,**クロス集計クエリ**について述べます.クロス集計クエリはAccess特有のクエリで,Excelの「ピボットテーブル」に相当します.なおAccess2000からはクロス集計クエリを大幅に強化したピボットテーブルビューが装備されましたが,クエリと異なって操作に制限があるため,ここでは用いません.

それをQBEで実現する方法を述べましょう.データベースウィンドウで［クエリ］をクリックし,［デザインビューでクエリを作成する］をダブルクリックします.「テーブルの表示」ダイアログボックスから,統計表の入っているテーブル,あるいはクエリを選択し［追加］をクリックします.ここでは「tbl20000209」を取り上げますので追加してください.表側は,「時点」,「地域区分」,「施設などの世帯の種類」とし,表頭は「世帯人員」とします.統計属性は「世帯数」とします.表頭に指定したフィールドは,ルックアップが解除され

てしまうので，「tbl世帯人員」も追加してください．そして［閉じる］をクリックします．

次にメニューバーから［クエリ］→［クロス集計］を順にクリックすると「行列の入れ替え」行がデザイングリッドに追加されます．「行列の入れ替え」行のドロップダウンリストには，「行見出し」，「列見出し」，「値」（集計の対象となるフィールド），「(なし)」の4つがあります．これらを設定することによって双方向類別形式であるクロス集計表の構成を決定することができます．「行見出し」，すなわち表側は1個以上のフィールドを指定することができるので，入れ子構造にすることができます．ただし「列見出し」，すなわち表頭は1個しか指定できないので注意が必要です．

「tbl20000209」のフィールドリストから，表側となる「行見出し」のフィールド名として「時点」，「地域区分」，「施設などの世帯の種類」を，左から順にデザイングリッドの「フィールド」行にドラッグ＆ドロップして，「行列の入れ替え」行のドロップダウンリストから，それぞれ「行見出し」と指定します．先に述べたように分類属性は一般に階層構造になっています．最も細かい階層で集計する場合もあれば，その上位で集計する場合もあります．上位で集計する場合は，その下位の階層の総和となります．これを**グループ化**と呼びます．最も下位の階層で集計する場合は，該当するレコードが1つになりますが，この場合もグループ化と呼びます．クロス集計された結果では，カテゴリの名称が見出しとなります．次に表頭は，「tbl世帯人員」のフィールドリストから「世帯人員名」フィールドを「フィールド」行の右隣にドラッグ＆ドロップして，「行列の入れ替え」行のドロップダウンリストから「列見出し」と指定します．

表の値として抽出する「値」のフィールドは統計属性を指定しますので，「tbl20000209」のフィールドリストから「世帯数」を「フィールド」行の右隣にドラッグ＆ドロップします．そして，「行列の入れ替え」行に，ドロップダウンリストから「値」を指定します．「値」のフィールドはただ1つでなくてはなりません．この状態では「集計」行に「グループ化」と表示されているので，ドロップダウンリストから**集計関数**を指定します．通常，集計方法には「**合計**」が使われますが，クエリが正しく作成されたかどうかをチェックするためには「**カウント**」（各グループ内のレコードの数）を使う場合があります．筆者としてはこ

のチェックを事前に行うことを勧めます．［実行］ボタンをクリックするとデータシートビューで結果が得られます．すべてのフィールドが「1」であることを確認したらデザインビューに切り替え，「集計」行を「合計」にして再び［実行］ボタンをクリックしてください．双方向類別形式に復元されます．名前を「qry20000209a」として保存して閉じてから，データ辞書に入力してください．なお最終的なデザイングリッドを図7.4に示します．

クロス集計クエリどうしを，内部結合で横に結合します．「tbl20000209」について，今度は統計属性を「世帯人員数」にして，同じ方法でクロス集計クエリをつくってください．そして名前を「qry20000209b」として保存し，閉じてください．データ辞書にも入力してください．

データベースウィンドウで［デザインビューでクエリを作成する］をダブルクリックします．そして「テーブルの表示」ダイアログボックスで，［クエリ］のタブをクリックし，「qry20000209a」と「qry20000209b」を追加します．なお，ルックアップが解除されているので，［テーブル］のタブをクリックし，「tbl 地域区分」と「tbl 施設などの世帯の種類」も追加して閉じてください．結合するため，それぞれのクエリの「時点」，「地域区分」，「施設などの世帯の種類」のフィールドを，ドラッグ＆ドロップして結合線を引きます．向きは，どちらでもかまいません．さらに「tbl 地域区分」から，「地域区分ID」をそれぞれのクエリの「地域区分」にドラッグ＆ドロップして結合線を引きます．同様に「tbl 施設などの世帯の種類」から，「施設などの世帯の種類ID」をそれぞれのクエリの「施設などの世帯の種類」にドラッグ＆ドロップして結合線を引きます．その結果を図7.5に示します．

リレーションシップが定義されましたので，デザイングリッドの「フィールド」行に表示させたいフィールドをドラッグ＆ドロップします．まず「qry20000209a」のフィールドリストから，「時点」，「地域区分」をドラッグ＆ド

フィールド:	時点	地域区分	施設などの世帯の	世帯人員名	世帯数
テーブル:	tbl20000209	tbl20000209	tbl20000209	tbl世帯人員	tbl20000209
集計:	グループ化	グループ化	グループ化	グループ化	合計
行列の入れ替え:	行見出し	行見出し	行見出し	列見出し	値
並べ替え:					
抽出条件:					
または:					

図 7.4 クロス集計クエリのデザイングリッド

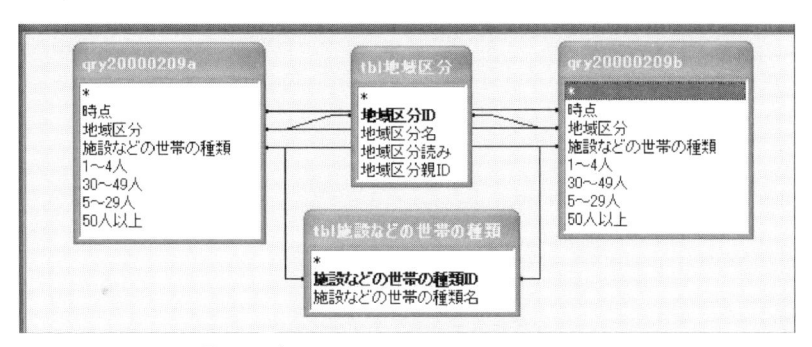

図 7.5　各テーブル/クエリのリレーションシップ

ロップします.「地域区分」は「並べ替え」行を「昇順」にし,「表示」行のチェックボックスをオフにしてください. 次に「tbl 地域区分」のフィールドリストから「地域区分名」を「フィールド」行の右隣にドラッグ&ドロップします. そして再び「qry20000209a」のフィールドリストから「施設などの世帯の種類」を「フィールド」行の右隣にドラッグ&ドロップします.「並べ替え」行を「昇順」にし,「表示」行のチェックボックスをオフにしてください. そして「tbl 施設などの世帯の種類」のフィールドリストから「施設などの世帯の種類名」を「フィールド」行の右隣にドラッグ&ドロップしてください.

この後, 統計属性を「フィールド」行の右隣にドラッグ&ドロップします. まず「qry20000209a」のフィールドリストから, クロス集計クエリで表頭となった「1〜4人」から「50人以上」までを順にドラッグ&ドロップします. フィールドリストで, 表頭となるフィールドの順序が入れ替わっていますから注意してください. 同様に「qry20000209b」のフィールドリストから, 表頭をドラッグ&ドロップします. これでデザイングリッドが完成しました. その結果を図7.6に示します. ツールバーの[実行]ボタンをクリックしてください. 結果がデータシートビューで表示されます. ただし, それぞれのクロス集計クエリの表頭が同一であるため, 統計属性の表頭の文字列の前にクエリ名がついています. これはAccess上では元に戻せないため, Excelに移してから直してください. 名前を「qry20000209c」として保存して閉じてからデータ辞書にデータを入力してください.

ここで,「tbl20000209」を上位の分類属性で集計してみましょう. ウィザード

7.3 クロス集計クエリ

フィールド:	時点	地域区分	地域区分名	施設などの世帯の種類	施設などの世帯の種類名
テーブル:	qry20000209a	qry20000209a	tbl地域区分	qry20000209a	tbl施設などの世帯の種類
並べ替え:		昇順		昇順	
表示:	☑	☐	☑	☐	☑
抽出条件:					
または:					

フィールド:	1〜4人	5〜29人	30〜49人	50人以上
テーブル:	qry20000209a	qry20000209a	qry20000209a	qry20000209a
並べ替え:				
表示:	☑	☑	☑	☑
抽出条件:				
または:				

フィールド:	1〜4人	5〜29人	30〜49人	50人以上
テーブル:	qry20000209b	qry20000209b	qry20000209b	qry20000209b
並べ替え:				
表示:	☑	☑	☑	☑
抽出条件:				
または:				

図 7.6 クロス集計クエリの内部結合のデザイングリッド

で簡単にできます．最下位の「世帯人員」を省いて，「施設などの世帯の種類」までのレベルで集計します．データベースウィンドウで［クエリ］をクリックし，［ウィザードを使用してクエリを作成する］をダブルクリックしてください．**選択クエリウィザード**が起動します．「テーブル/クエリ」の一覧から，「tbl20000209」を選択してください．そして「選択可能なフィールド」から「世帯人員」以外のフィールドを，「選択したフィールド」に［>］ボタンを使って

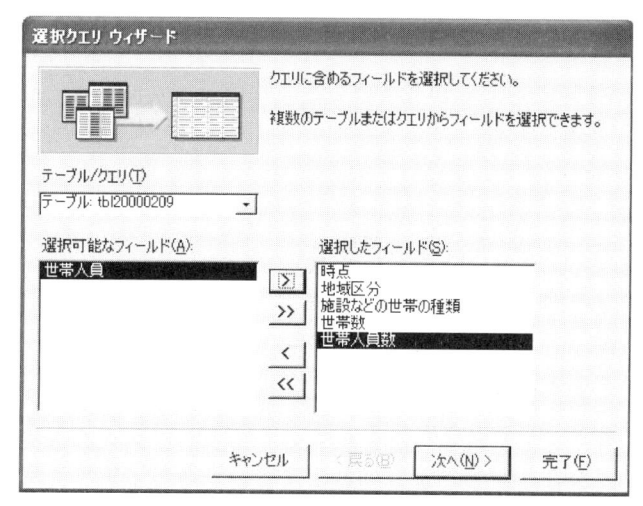

図 7.7 選択クエリウィザードの第 1 画面

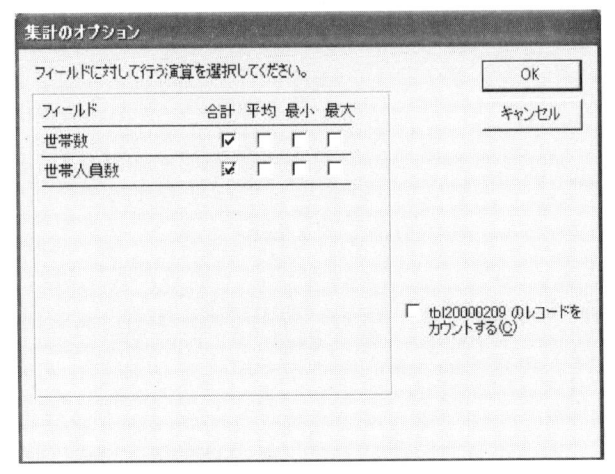

図 7.8 集計のオプションの設定

順に移してください（図 7.7）．

第 2 画面では「集計する」のセレクトボタンをオンにし，［集計のオプション］ボタンをクリックして「集計のオプション」ダイアログボックスを表示させ，「世帯数」と「世帯人員数」の「合計」チェックボックスをオンにしてください（図 7.8）．［OK］をクリックして元の画面に戻ったら［次へ］をクリックします．最終画面では，名前を「qry20000209d」と指定し，「クエリを実行して結果を表示する」のセレクトボタンがオンになっていることを確認して［完了］をクリックしてください．データシートビューで，上位のカテゴリで集計された結果が表示されます．クエリができましたので上書き保存して閉じ，データ辞書にデータを入力してください．

ユニオンクエリ「qryunion0114a」も，クロス集計クエリで双方向類別形式にしましょう．はじめに「tbl 地域区分」を階層化した自己結合型クエリをつくっておきます．データベースウィンドウで［クエリ］をクリックし，［デザインビューでクエリを作成する］をダブルクリックしてください．そして「テーブルの表示」ダイアログボックスを閉じます．クエリウィンドウのタイトルバーを右クリックして，メニューの中の［SQL ビュー］をクリックすると「SELECT;」だけが表示されます．「SELECT」とセミコロン「;」の間に図 7.9 の SQL 文を入力してください．なお，和文の文字以外は，すべて半角で入力しなければならな

```
SELECT 都道府県・市.地域区分名 AS 都道府県・市, 市区町村.地域区分名 AS 市区町村,
市区町村.地域区分ID
FROM tbl地域区分 AS 市区町村 INNER JOIN tbl地域区分 AS 都道府県・市
ON 市区町村.地域区分親ID = 都道府県・市.地域区分ID
ORDER BY 市区町村.地域区分ID;
```

図 7.9 地域区分の自己結合型クエリのSQL文

いので注意してください.

　内容は，第5章第1節でつくった「qry 産業分類」とほぼ同じです．元となるテーブル「tbl 地域区分」に，エイリアスを使って「都道府県・市」と「市区町村」という2つの別名を付けて，仮想的なテーブルをつくります．それがFROM句の「tbl 地域区分 AS 市区町村」と，「tbl 地域区分 AS 都道府県・市」です．さらにSELECTの直後でエイリアスを使って，「都道府県・市」テーブルのフィールド名「地域区分名」に「都道府県・市」という別名を付けます．「市区町村」も同様です．そして「地域区分ID」も加えておきます．

　次にテーブル「市区町村」とテーブル「都道府県・市」をINNER JOINで内部結合します．結合条件ONは，テーブル「市区町村」の「地域区分親ID」がテーブル「都道府県・市」の「地域区分ID」と等しいものとします．そしてORDER BY句でテーブル「市区町村」の「地域区分ID」を指定し，昇順に並べます．入力が終わったら，ツールバーの［実行］ボタンをクリックしてください．正しく実行されると，図7.10の結果が表示されます．名前を「qry 地域区分」と付けて保存し，閉じてください．そしてデータ辞書に入力してください．

　それではクロス集計クエリをつくります．データベースウィンドウで［クエリ］をクリックし，［デザインビューでクエリを作成する］をダブルクリックします．「テーブルの表示」ダイアログボックスで［クエリ］のタブをクリックし，「qryunion0114a」をクリックして［追加］をクリックします．さらに「qry 地域区分」をクリックし，［追加］をクリックして［閉じる］をクリックします．そして「qry 地域区分」のフィールドリストから，「地域区分ID」を，「qryunion0114a」のフィールドリストの「新地域区分」にドラッグ＆ドロップします．これは，地域区分のカテゴリのコードでソートした上で，地域区分の名称を階層的に表示するためです．ここでメニューバーから［クエリ］→［クロス集計］を順にクリッ

都道府県・市	市区町村	地域区分ID
福岡県	鳥栖市	40203
佐賀県	佐賀市	41100
佐賀市	北区	41101
佐賀市	南区	41102
佐賀市	上区	41103
佐賀市	中央区	41104
佐賀市	東区	41105
佐賀県	佐賀市	41201
佐賀県	鳥栖市	41203
佐賀県	諸富市	41208
佐賀県	北部町	41209
佐賀県	諸富町	41301
佐賀県	大和町	41305
佐賀県	富士町	41306
佐賀県	神埼町	41321
佐賀県	千代田町	41322

図 7.10 地域区分の自己結合型クエリの結果

クしてください．その上で「qry 地域区分」のフィールドリストから，「都道府県・市」と「市区町村」を，デザイングリッドの「フィールド」行の左端から順にドラッグ＆ドロップし，「行列の入れ替え」行でドロップダウンリストから「行見出し」を指定します．

次に「qryunion0114a」のフィールドリストから，「新地域区分」を「フィールド」行の右隣にドラッグ＆ドロップし，「行列の入れ替え」行を空白にしたまま，「並べ替え」行でドロップダウンリストから「昇順」を指定します．そして「時点」を「フィールド」行の右隣にドラッグ＆ドロップして，「行列の入れ替え」行でドロップダウンリストから「列見出し」を指定します．最後に「人口」を「フィールド」行の右隣にドラッグ＆ドロップして「行列の入れ替え」行でドロップダウンリストから「値」を指定し，「集計」行でドロップダウンリストからいったん「カウント」を指定します．ここまでの操作結果を，図 7.11 に示します．ツールバーの［実行］ボタンをクリックすると図 7.12 のようにデータシートビューで結果が表示されますので，地域区分の対応関係が，レコード数として時系列で遡及的に並べられていることを確認してください．確認したら，「人口」の「集計」行を「合計」にしてもう一度実行し，問題がなければ名前を「qryunion0114c」として保存し，閉じてください．そしてデータ辞書に入力してください．

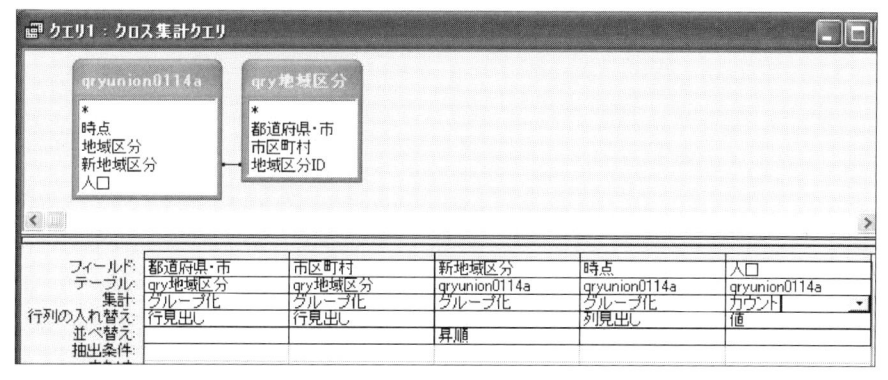

図 7.11 ユニオンクエリのクロス集計クエリのデザイン

図 7.12 ユニオンクエリのクロス集計クエリの結果

ここまで和結合，内部結合，クロス集計クエリの操作方法を述べてきましたが，これらの組み合わせでほとんどのケースに対応する統計表を生成できるはずです．

7.4 Excel へのデータのエクスポート

生成した統計表を Excel は移すには，Access の**クイックエクスポート機能**を使います．まずデータ辞書検索フォームで，エクスポートするオブジェクト（テーブルまたはクエリ）を開きます．ここでは分類属性を「地域」，統計属性を「人口」として検索し，「qryunion0114c」を開いてください．そしてメニューバーから［ツール］→ ［Office Links］→ ［Excel に出力］を順にクリックします．そうするとクエリは Excel のワークシートにコピーされ，コピーされたファイル

がExcelで開かれ，同時に保存されます．Excel上の列見出しにはフィールド名が使われます．

　自動的に保存されるフォルダは，現在のフォルダかマイドキュメントのフォルダです．どちらになるかは決まっていません．Accessのバグのようです．別のフォルダに保存したいときは，Excelのメニューバーから［ファイル］→［名前を付けて保存］をクリックし，適切なフォルダに保存してください．自動的に保存された方のファイルは，削除してください．このときExcelのファイル名はオブジェクトの名が自動的に付けられるため，変えたい場合は適切なファイル名に変更する必要があります．なお，自動的に付けられたファイル名がすでに存在する場合は，ファイルを置き換えるかどうか確認するメッセージが表示されるので，［いいえ］をクリックして適切なファイル名を入力します．この後はExcelで，生成した統計表のグラフの作成や統計解析を行うことができます．統計解析の方法は，巻末の参考文献を参照してください．

　最後におまけをひとつ．Accessで種々の操作を続けていると，ファイルの中に無効な領域が増えていきます．その結果，ファイルの容量が大きくなるだけではなく，スピードも遅くなります．これを解消するのには「**最適化**」の操作をします．データベースウィンドウが表示されている状態で，メニューバーから［ツール］→［データベースユーティリティ］→［最適化/修復］を順にクリックします．定期的にこの操作を行ってください．

参 考 文 献

Perspection, Inc. 著・日経 BP ソフトプレス編（2001）:『ひと目でわかる Microsoft Access Version 2002』日経 BP ソフトプレス，276pp.
VBA プログラミング研究会（2000）:『VBA プログラミング 500 の技』技術評論社，247pp.
Viescas, J. 著・日経 BP ソフトプレス編（2001）:『Microsoft Access version 2002 オフィシャルマニュアル』日経 BP ソフトプレス，1118pp.
赤間世紀（2001）:『データベースの原理』技報堂出版，177pp.
浦　昭二・市川照久共編（1998）:『情報処理システム入門［第 2 版］』サイエンス社，296pp.
小野　哲・天貝伸次ほか（2001）:『最新 SQL がわかる』技術評論社，256pp.
技術評論社編集部編（2002）:『Access 2002 表現百科 850』技術評論社，543pp.
木村博文・高橋麻奈（2000）:『入門 SQL』ソフトバンクパブリッシング，360pp.
佐藤親一（1999）:『Access 2000 データベースデザイン』オーム社，295pp.
佐藤英人（1988）:『統計データベースの設計と開発』オーム社，246pp.
佐野夏代（2002）:『Access 2002 300 の技』技術評論社，416pp.
情報処理学会編（1995）:『新版情報処理ハンドブック』オーム社，2000pp.
谷尻かおり（1999a）:『Access 2000 徹底入門（オブジェクト活用編）』技術評論社，342pp.
谷尻かおり（1999b）:『Access 2000 徹底入門（クエリ編）』技術評論社，423pp.
谷尻かおり（2000）:『Access 2000 徹底入門 Access VBA 応用プログラミング』

技術評論社，551pp.

谷尻かおり（2002a）：『Access 2002 対応 Access VBA 初級プログラミング』技術評論社，399pp.

谷尻かおり（2002b）：『Access 2002 対応 Access VBA 応用プログラミング』技術評論社，568pp.

常盤洋一（1988）：地域情報の蓄積方法に関する基礎研究．東京大学教養学部社会科学紀要，vol. 37, pp.85〜131.

常盤洋一（2002a）：Access による地域統計データベース-その1．論理的背景．佐賀大学経済論集，vol. 34, no. 6, pp.1〜38.

常盤洋一（2002b）：Access による地域統計データベース-その2．データベースの実現．佐賀大学経済論集，vol. 35, no. 2, pp.13〜50.

縄田和満（1999）：『Excelによる回帰分析入門』朝倉書店，177pp.

縄田和満（2000a）：『Excelによる統計入門（第2版）』朝倉書店，196pp.

縄田和満（2000b）：『Excel VBAによる統計データ解析入門』朝倉書店，185pp.

縄田和満（2001）：『Excel 統計解析ボックスによるデータ解析』朝倉書店，199pp.

平尾隆行（1986）：『関係データベースシステム』近代科学社，181pp.

広野忠敏ほか（2001）：『できる Access 2002 基本編 Office XP 版』インプレス，237pp.

広野忠敏ほか（2001）：『できる Access 2002 応用編 Office XP 版』インプレス，240pp.

増永良文（1991）：『リレーショナル・データベース入門』サイエンス社，213pp.

町田奈美（2002）：『かんたん図解 Access 2002［基本操作］Windows XP+Office XP 対応』技術評論社，296pp.

望月宏一（2001）：『実践 Access データベース上級テクニック』日経BP社，200pp.

索引

あ行

値制約部分型 18
値属性変換 15
値要求 87
「新しいデータベース」ダイアログボックス 1
新しい列の挿入 76

イベントプロシージャ 35, 56
インポート 105
インポートウィザード 108
インポートボタン 108

上書き保存ボタン 28

エイリアス 70, 77
エクスポート 125
エラー処理 45

オートナンバー 10
オートナンバー型 25
オブジェクト 2
　　――を開く 64
親ID 74

か行

概念スキーマ 8

外部キー 12
外部結合 70
外部スキーマ 8
カウンタ 43
カウント 118
合併 14
カテゴリ 15
　　――の名称の表示 100
カテゴリ階層時点間対応テーブル 85, 98
カテゴリ階層テーブル 16
カラム 6
カレントステートメント 46
関係演算 14
関数従属性 11

木構造 16
記述対象 14
記述対象型 14
既定値 18, 87
行継続文字 37
行セレクタ 28
共通 14
行ラベル 45
行類別形式 16

クイックエクスポート機能 125
クエリ 8
クエリ・オブジェクト 3

グリッド 26
グループ化 118
クロス集計クエリ 117

結合 13
結合演算子 40
合計 118
構造化された時系列データ 19
コード 37
個票 14
コマンドボタン 64
コマンドボタンボタン 65
コメント 37
コンボボックス 25, 53

さ行

差 14
最適化 126
作業ウィンドウ 1
サブフォーム 49
　　――の属性の名称の消去 99
算術演算子 40
参照整合性 32

時系列データ 18
時系列ベクトルファイル 19
自己結合型クエリ 76
実行ボタン 61

時点間の対応　79
自動クイックヒント　38
自動構文チェック　38
射影　12
集計関数　118
集合演算　14
集合対象　14
従属　10
主キー　10
主キーボタン　28
循環リレーションシップ　74
上位の分類属性で集計　120
条件式　41
条件判断構造　42
「詳細」セクション　51

数値型　6
スキーマ　7

正規化　10, 17
整数型　39
選択　12
選択クエリ　60
選択クエリウィザード　121

双方向類別形式　15
ソート　105

た行

第1正規形　10
第2正規形　11
第3正規形　12
タイトルバー　1
代入　40
多対多の関連　11
多値　11
単純時系列データ　19
単精度浮動小数点型　39

置換　58
長整数型　39

ツールバー　1
ツールボックス　64

ツールボックスボタン　64
テキストボックスボタン　101
適用範囲　38
デザイングリッド　61
データ型　6
データ辞書　21
データ辞書検索フォーム　64
データ辞書入力フォーム　49
データシートビュー　75
データ定義　7
データベースウィンドウ　2
データベース管理システム　7
デバッグ　46
テーブル　5
テーブル・オブジェクト　3
テーブルの表示ボタン　32

統計記述対象　14
統計属性　15, 89
統計属性一覧テーブル　24, 25
統計属性対応テーブル　24, 26

な行

内部結合　62, 70, 116
内部スキーマ　7

は行

倍精度浮動小数点型　39
パラメータクエリ　62
汎化階層　18
汎化関係による正規化　17
汎化テーブル　17

比較演算　41
比較演算子　41
引数　37
非手順言語　68
ビュー　26
ビューボタン　27
開くボタン　66

フィールド　5

――の連鎖更新　32
フィールド値　5
フィールドプロパティ　26
フィールド名　5
フィールドリスト　32, 69
フォームウィザード　49
フォーム・オブジェクト　4
フォームビュー　52
「フォームフッター」セクション　51
「フォームヘッダー」セクション　51
物理的データ独立性　7
部分型　18
ふりがな　83
ブール型　38
ブレークポイント　46
　　――を解除　47
プレビュー画面　97
プレフィックス　24
プロジェクトエクスプローラ　103
　　――の一覧　58
プロシージャ　35
ブロック　70
分類属性　14, 89
　　――で集計　120
分類属性一覧テーブル　24, 25
分類属性対応テーブル　24, 25
分類属性定義域　15
分類属性定義域テーブル　73

ページ・オブジェクト　4
変数　38
変数名　38

ま行

マクロ・オブジェクト　4
マスターテーブル　23, 24

メインフォーム　49
メタスキーマ　23
メタデータ　21
メタデータシステム　22

メニューバー 1
メモ型 25

モジュール 39
モジュール・オブジェクト 4
モジュールレベル変数 40
文字列形 39

や行

ユニオンクエリ 113

予約語 38
4スキーマアプローチ 8

ら行

ラベルボタン 101

リテラル 41
リレーショナルモデル 9
リレーションシップを定義 12
リレーションシップボタン 31
リンクテーブル 12

ルックアップウィザード 25, 29
ループ構文 43

レコード 5, 9
　——の移動ボタン 50
　——の削除 76
　——の連鎖削除 33
列の移動 76
列の挿入 76
列の削除 76
レポート・オブジェクト 4, 96

ローカルウィンドウ 46

論理的データ独立性 8

わ行

ワイルドカード 42
和結合 14, 89, 113

欧文

AddNew 文 56
ADO 54
And 42

Close 文 56
Connection オブジェクト 56

DB スキーマ 7
DBMS 7
DD/D 21
DD/DS 22
DDL 7
DID 6
Dim 文 39
Do … Loop 構文 44
DoCmd オブジェクト 68

End Sub 文 37
Exit Do 文 44
Exit For 文 44
Exit Sub 文 46

For … Next 構文 43
FROM 句 70

If … Then 構文 42
If … Then … Else 構文 42
If … Then … ElseIf 構文 43
IME 入力モード 27

INNER JOIN 70

Jet エンジン 54

LEFT JOIN 70
Like 41

Me!… 56

Null 6

On Error 文 45
Open 文 56
Or 42
ORDER BY 句 71

Private Sub 文 37

QBE 3, 60

Recordset オブジェクト 56
Resume 文 46
RIGHT JOIN 70

SELECT 文 69
Set 文 56
SQL 3, 68
SQL 文の入力 78

UNION 操作 113
Until 44

VBA 35
Visual Basic Editor 35

WHERE 句 70
While 44

著者略歴

常 盤 洋 一（ときわ・よういち）

1954 年　北海道に生まれる
1985 年　東京工業大学大学院理工学研究科博士課程修了
現　在　佐賀大学経済学部助教授・工学博士

Access による統計データベース入門　　定価はカバーに表示

2003 年 9 月 10 日　初版第 1 刷
2004 年 5 月 1 日　　　第 2 刷

　　　　　　　　　　　著　者　常　盤　洋　一
　　　　　　　　　　　発行者　朝　倉　邦　造
　　　　　　　　　　　発行所　株式会社　朝　倉　書　店

　　　　　　　　　　　東京都新宿区新小川町 6−29
　　　　　　　　　　　郵 便 番 号　１６２−８７０７
　　　　　　　　　　　電　話　０３（３２６０）０１４１
　　　　　　　　　　　ＦＡＸ　０３（３２６０）０１８０
　　　　　　　　　　　http://www.asakura.co.jp

〈検印省略〉

Ⓒ 2003〈無断複写・転載を禁ず〉　　　　シナノ・渡辺製本
ISBN 4-254-12158-X　C 3041　　　　　　Printed in Japan

講座〈情報をよむ統計学〉

全9巻　上田尚一 著

現代社会にはさまざまな情報・データがあふれています。しかし，その中からすぐれた情報を選び出し，その意味を正しく読みとるには「情報のよみかき能力」が必要です。また数値データを扱うには，「統計的な見方」「統計手法」を学ぶことが不可欠です。この講座はこのような「情報をよむための技術」を読者に提供します。各巻に豊富な演習問題付

1. 統計学の基礎 224頁　本体3400円	統計的な見方／情報の統計的表現／データの対比／優位性の検定／分布形の比較／他
2. 統計学の論理 232頁　本体3400円	データ解析の進め方／2変数の関係／傾向性と個別性／集計データ／時間的変化／他
3. 統計学の数理 232頁　本体3400円	回帰分析／説明変数の取上げ方／時系列データの見方／アウトライヤーへの対処／他
4. 統計グラフ 228頁　本体3400円	グラフの効用／情報の統計的表現／グラフ表現の原理・要素／グラフのポイント／他
5. 統計の誤用・活用 224頁　本体3400円	基礎データの定義に注意／比較の仕方／なぜ「使いようのない」データが多いのか／他
6. 質的データの解析 ──調査情報のよみ方 216頁　本体3400円	構成比の比較／構成比と特化係数／差の説明／多次元解析の考え方／精度と偏り／他
7. クラスター分析 216頁　本体3400円	区分の論理／データの区分と分散分析／クラスター／構成比／基礎データの結合／他
8. 主成分分析 264頁　本体3600円	情報の縮約／主成分と誘導／適用の考え方／解釈と軸回転／質的データ／尺度値／他
9. 統計ソフトUEDAの使い方 【CD-ROM付】192頁　本体3400円	プログラム／内容と使い方：データの表現・分散・検定・回帰・時系列・グラフ／他

B.S.エヴェリット著　前統数研 清水良一訳

統 計 科 学 辞 典

12149-0　C3541　　A5判 536頁 本体12000円

統計を使うすべてのユーザーに向けた「役に立つ」用語辞典。医学統計から社会調査まで，理論・応用の全領域にわたる約3000項目を，わかりやすく簡潔に解説する。100人を越える統計学者の簡潔な評伝も収載。理解を助ける種々のグラフも充実。[項目例]赤池の情報量規準／鞍点法／EBM／イェイツ／一様分布／移動平均／因子分析／ウィルコクソンの符号付き順位検定／後ろ向き研究／SPSS／F検定／円グラフ／オフセット／カイ2乗統計量／乖離度／カオス／確率化検定／偏り他

長崎シーボルト大 武藤眞介著

統 計 解 析 ハ ン ド ブ ッ ク

12061-3　C3041　　A5判 648頁 本体22000円

ひける・読める・わかる――。統計学の基本的事項302項目を具体的な数値例を用い，かつ可能なかぎり予備知識を必要としないで理解できるようやさしく解説。全項目が見開き2ページ読み切りのかたちで必要に応じてどこからでも読めるようにまとめられているのも特徴。実用的な統計の事典。〔内容〕記述統計(35項)／確率(37項)／統計理論(10項)／検定・推定の実際(112項)／ノンパラメトリック検定(39項)／多変量解析(47項)／数学的予備知識・統計数値表(28項)。

柳井晴夫・岡太彬訓・繁桝算男・
高木廣文・岩崎　学編

多変量解析実例ハンドブック

12147-4　C3041　　A5判 916頁 本体32000円

多変量解析は，現象を分析するツールとして広く用いられている。本書はできるだけ多くの具体的事例を紹介・解説し，多変量解析のユーザーのために「様々な手法をいろいろな分野でどのように使ったらよいか」について具体的な指針を示す。〔内容〕【分野】心理／教育／家政／環境／経済・経営／政治／情報／生物／医学／工学／農学／他【手法】相関・回帰・判別・主成分分析／クラスター・ロジスティック分析／数量化／共分散構造分析／項目反応理論／多次元尺度構成法／他

元統数研 林知己夫編

社 会 調 査 ハ ン ド ブ ッ ク

12150-4　C3041　　A5判 776頁 本体25000円

マーケティング，選挙，世論，インターネット。社会調査のニーズはますます高まっている。本書は理論・方法から各種の具体例まで，社会調査のすべてを集大成。調査の「現場」に豊富な経験をもつ執筆者陣が，ユーザーに向けて実用的に解説。〔内容〕社会調査の目的／対象の決定／データ獲得法／各種の調査法／調査のデザイン／質問・質問票の作り方／調査の実施／データの質の検討／分析に入る前に／分析／データの共同利用／報告書／実際の調査例／付録：基礎データの獲得法／他

慶大 蓑谷千凰彦著

統 計 分 布 ハ ン ド ブ ッ ク

12154-7　C3041　　A5判 740頁 本体22000円

統計に現れる様々な分布の特性・数学的意味・展開等を，グラフを豊富に織り込んで詳細に解説。3つの代表的な分布システムであるピアソン，バー，ジョンソン分布システムについても説明する。〔内容〕数学の基礎(関数／テイラー展開／微積分他)／統計学の基礎(確率関数，確率密度関数／分布関数／積率他)／極限定理と展開(確率収束／大数の法則／中心極限定理他)／確率分布(アーラン分布／安定分布／一様分布／F分布／カイ2乗分布／ガンマ分布／幾何分布／極値分布他)

東大 縄田和満著
Excel による確率入門
12155-5 C3041　　A5判 192頁 本体2900円

「不確実性」や統計を扱うための確率・確率分布の基礎を解説。Excelを使い問題を解きながら学ぶ。〔内容〕確率の基礎／確率変数／多次元の確率分布／乱数によるシミュレーション／確率空間／大数法則と中心極限定理／推定・検定、χ^2, t, F分布他

東大 縄田和満著
Excelによる統計入門（第2版）
12142-3 C3041　　A5判 208頁 本体2800円

Excelを使って統計の基礎を解説。例題を追いながら実際の操作と解析法が身につく。Excel 2000対応〔内容〕Excel入門／表計算／グラフ／データの入力・並べかえ／度数分布／代表値／マクロとユーザ定義関数／確率分布と乱数／回帰分析／他

東大 縄田和満著
Excel統計解析ボックスによるデータ解析
〔CD-ROM付〕
12146-6 C3041　　A5判 212頁 本体3800円

CD-ROMのプログラムをExcelにアド・インすることで、専用ソフト並の高度な統計解析が可能。〔内容〕回帰分析の基礎／重回帰分析／誤差項／ベクトルと行列／分散分析／主成分分析／判別分析／ウィルコクスンの検定／質的データの分析／他

東大 縄田和満著
Excel VBAによる統計データ解析入門
〔CD-ROM付〕
12144-X C3041　　A5判 196頁 本体3800円

Excelのマクロ、VBAを使った統計データの分析法を基礎から解説し、高度なものまで挑戦する。〔内容〕VBA入門／配列／関数、インプットボックス、インターフェース／乱数シミュレーション／行列／行列式と逆行列／回帰分析／回帰方程式他

東大 縄田和満著
Excelによる回帰分析入門
12134-2 C3041　　A5判 192頁 本体3200円

Excelを使ってデータ分析の例題を実際に解くことにより、統計の最も重要な手法の一つである回帰分析をわかりやすく解説。〔内容〕回帰分析の基礎／重回帰分析／系列相関／不均一分散／多重共線性／ベクトルと行列／行列による回帰分析／他

東大 縄田和満著
TSPによる計量経済分析入門
12119-9 C3041　　A5判 176頁 本体3000円

広く使われる統計ソフトTSPを用いて経済データの分析法を解説。初学者にも使えるよう基本操作からていねいに説明。〔内容〕TSP入門／回帰分析の基礎／重回帰分析／系列相関・不均一分散・多重共線性／同時方程式モデル／時系列データ他

東大 縄田和満著
Lotus1-2-3 統計入門 Book
12128-8 C3041　　A5判 208頁 本体3500円

好評の『Excelによる統計入門』をLotus1-2-3に完全移植。例題を追いながら統計がわかる。〔内容〕Lotus1-2-3入門／表計算／グラフ／データ入力／データの並べかえ／度数分布／代表値／マクロとユーザ定義関数／確率分布と乱数／回帰分析他

東洋英和大 林　文・国立保健医療科学院 山岡和枝著
シリーズ〈データの科学〉2
調査の実際
―不完全なデータから何を読みとるか―
12725-1 C3341　　A5判 232頁 本体3500円

良いデータをどう集めるか？不完全なデータから何がわかるか？データの本質を捉える方法を解説〔内容〕〈データの獲得〉どう調査するか／質問票／精度。〈データから情報を読みとる〉データの特性に基づいた解析／データ構造からの情報把握／他

早大 豊田秀樹著
シリーズ〈調査の科学〉1
調査法講義
12731-6 C3341　　A5判 228頁 本体3400円

調査法を初めて学ぶ人のために、調査の実践と理論を簡易に解説。〔内容〕調査法を学ぶ意義／仮説・仕様の設定／項目作成／標本の抽出／調査の実施／集計／要約／クロス集計表／相関と共分散／報告書・研究発表／確率の基礎／推定／信頼性

前千葉帝京大 鈴木達三・石巻専大 高橋宏一著
シリーズ〈調査の科学〉2
標本調査法
12732-4 C3341　　A5判 272頁 本体4500円

理論編では標本調査について基礎となる考え方と標準的な理論を、実際編ではこれらの方法を実際の問題に適用する場合を、豊富な実例に沿って具体的に説明。基礎から実際の適用にわたる両面からの理解ができるようまとめられている

上記価格（税別）は2004年4月現在